结构保温板建筑建造指南

杜　强◎著

中国建筑工业出版社

图书在版编目（CIP）数据

结构保温板建筑建造指南 / 杜强著．—北京：中国建筑工业出版社，2022.8（2024.1重印）
ISBN 978-7-112-27573-1

Ⅰ．①结… Ⅱ．①杜… Ⅲ．①保温板—建筑结构—指南 Ⅳ．① TU352.59-62

中国版本图书馆 CIP 数据核字（2022）第 111438 号

责任编辑：周方圆　张　晶
责任校对：姜小莲

结构保温板建筑建造指南
杜　强◎著
*
中国建筑工业出版社出版、发行（北京海淀三里河路9号）
各地新华书店、建筑书店经销
北京建筑工业印刷厂制版
建工社（河北）印刷有限公司印刷
*
开本：787毫米×1092毫米 1/16　印张：10¼　字数：171千字
2022年8月第一版　2024年1月第二次印刷
定价：**45.00**元
ISBN 978-7-112-27573-1
（39621）
版权所有　翻印必究
如有印装质量问题，可寄本社图书出版中心退换
（邮政编码 100037）

前言

2020 年 9 月 22 日，国家主席习近平在第七十五届联合国大会一般性辩论上向国际社会作出碳达峰、碳中和的郑重承诺，“中国将力争 2030 年前达到二氧化碳排放峰值，努力争取 2060 年前实现碳中和”。2021 年 3 月全国两会中，碳达峰、碳中和目标首次被写入政府工作报告。碳达峰、碳中和已纳入生态文明建设整体布局，事关中华民族永续发展和构建人类命运共同体。

2030 年碳达峰和 2060 年碳中和目标对我国未来 40 年的社会、经济、文化发展产生深远影响。2021 年 9 月发布的《中共中央 国务院关于完整准确全面贯彻新发展理念做好碳达峰碳中和工作的意见》中明确指出：要大力发展节能低碳建筑；加快推进超低能耗、近零能耗、低碳建筑规模化发展；全面推广绿色低碳建材；发展绿色农房。建筑部门是能源消费的三大领域（工业、交通、建筑）之一，从而也是造成直接和间接碳排放的主要责任领域之一。如何实现建筑部门的碳达峰和碳中和，既是相关行业主管部门面临的紧迫问题，也是相关领域从业者密切关注的大事。

本书面向建筑业碳中和目标，以最新的国家规范和标准为依据，结合我国国情，系统地阐述了一种新型建筑体系——结构保温板（structural insulated panels，SIPs）建筑体系建造的基本程序与过程，对推广结构保温板建筑具有一定的指导意义和参考价值。结构保温板是一种“三明治式”的夹芯复合板材，通常由两层结构面板复合在保温芯材上组成，既具有良好的保温隔热性能，又可以直接作为建筑的承重构件使用。结构保温板建筑体系具有突出的节能优势，降低了建筑的采暖制冷能耗，减少建筑运行过程中的直接碳排放和间接碳排放；经过特殊设计后，可以成为近零能耗建筑，减少因空调使用造成的非二氧化碳类温室气体排放；采用轻质的“负碳”材料木材作为主要建筑材料，可以有效减少建材生产、运输和建筑建造过程中的碳排放。此外，结构保温板建筑体系具有设计简单、施工便捷等特点，其板材与部件通常在专业化工厂内进行结构验算、加工、装配和编号后运送到施工现场，施工人员只需要按照图纸进行拼装。这样在保障建筑结构可靠度的前提下，既可以降低对现场施工人员的技能要求，也可以缩短施工周期，体现出较高的工业化水平。结构保温板建筑体系全生命周期成本比传统建筑更为经济，在低层建筑中有较好的推广应用前景。

全书共分为13章。第1章阐释了推广结构保温板建筑的背景与意义，回顾了结构保温板建筑在国内外的发展历程。第2章对结构保温板建筑使用的材料、构件进行了简要介绍，从力学性能、抗震性能、热工性能、居住舒适度等方面详细介绍和总结了结构保温板建筑体系的特点和优势，对其设计要点进行探讨。第3章介绍了结构保温板建筑施工中通用的材料、吊装、紧固件、密封及安装的基本要求。第4章介绍了结构保温板建筑的施工准备工作。第5章至第8章从地基基础施工、墙板施工、楼板施工、屋面板施工等方面介绍了结构保温板建筑的施工要求、施工步骤、质量检验和注意事项，并着重强调了结构保温板建筑的防潮处理。第9章至第10章对结构保温板建筑施工中线路与管线、卫生间等特殊部位的细部处理进行介绍。第11章至第12章介绍了结构保温板建筑的装饰工程和防护工程施工。第13章列举了国内几个应用结构保温板的典型工程实例，以展示结构保温板建筑绿色低碳、设计柔性大、施工便捷等特点。

本书内容简明扼要，理论联系实际，可供结构保温板建筑体系和其他新型装配式建筑体系相关工程技术人员使用，也可供各级建设行政主管部门决策参考之用，还可供高校土建专业师生教学科研使用。

为保证本书中内容的先进性与实用性，在撰写过程中参考和引用了国内外相关资料，同时许多具有丰富实践经验的工程技术人员也给予了无私的支持，在此表示衷心感谢。全书由长安大学杜强组织策划、撰写和统稿，长安大学吕晶参与了第4章至第8章的撰写工作，长安大学靳梁巍、余海涛参与了相关章节的资料收集工作，大连阔森特新型建材有限公司孙全一参与了相关章节的修订工作，在此特别致谢。

本书的相关研究与出版得到了陕西省重点研发计划一般项目（2020SF-388）、西安市科技计划项目（2019113113CXSF009SF019）、西安市建设科技计划项目（SZJJ2019-01）和中央高校基本科研业务费专项资金杰出青年计划项目（300102230615、300102231640）的支持。

鉴于作者水平与写作时间所限，书中不足之处在所难免，欢迎批评指正。

杜强

2022 年 6 月

目 录

第1章

结构保温板建筑概述

1.1 推广背景

1.1.1 碳达峰、碳中和目标

2020年9月22日，国家主席习近平在第七十五届联合国大会一般性辩论上发表重要讲话，向国际社会作出碳达峰、碳中和的郑重承诺，“中国将力争2030年前达到二氧化碳排放峰值，努力争取2060年前实现碳中和”。2021年3月全国两会中，碳达峰、碳中和目标首次被写入政府工作报告。碳达峰、碳中和已被纳入生态文明建设整体布局，事关中华民族永续发展和构建人类命运共同体。

2030年碳达峰和2060年碳中和愿景为我国以能源转型为目的的能源革命给出了清晰的目标和具体的时间表。这一战略行动不仅是能源领域改革和转型的问题，更将对我国未来40年的社会、经济、文化发展产生深远影响。2021年9月发布的《中共中央 国务院关于完整准确全面贯彻新发展理念做好碳达峰碳中和工作的意见》中明确指出，要大力发展节能低碳建筑；加快推进超低能耗、近零能耗、低碳建筑规模化发展；全面推广绿色低碳建材；发展绿色农房。建筑部门是能源消费的三大领域（工业、交通、建筑）之一，从而也是造成直接和间接碳排放的主要责任领域之一。大力减少建筑部门相关过程中的碳排放，将极大地改变建筑建造、运行、维护各个环节的理念和方法，使整个行业产生巨大的革命性变化。如何实现建筑部门的碳达峰和碳中和，既是相关行业主管部门面临的紧迫问题，也是相关领域从业者密切关注的大事。

碳达峰年份是指在这一年之后的碳排放将逐年下降。碳排放总量是单位GDP的碳排放量与GDP的乘积。随着我国社会经济发展，GDP总量一定会持续增长，而随着节能减排的不断深入，单位GDP对应的碳排放量应该不断下降。当GDP的增长速度大于单位GDP碳排放量的下降速度时，碳排放总量就出现增长，而单位GDP碳排放量的下降速度大于GDP的增长速度时，碳排放总量就会下降。单位GDP碳排放量的下降速度与GDP的增长速度相平衡时，就应该是碳达峰的时间。我国目前GDP年增长率已降低到6%左右，未来很难再出现超过10%的高速增长。而单位GDP能耗则持续下降，从2014年以来每年下降5%～7%。随着能源革命的不断深入，零碳能源（核电、风电、水电、光电）在能源总量中的占比不断提高，而单位GDP碳排放量等于单位GDP能耗与单位能耗的碳排放量的乘积，由此可得到碳达峰指标为：碳达峰指标＝GDP增速×单位GDP能耗的降低×单位能耗碳排放量的降低。当碳达峰指标大于0，则碳排放总量持续增长；当碳达峰指标等于0，则碳排放达峰；当碳达峰指标小于0时，则碳排放总量将持续下降。目前，我国碳达峰指标正在逐年降低。随着能源结构的调整，单位能耗碳排放量不断降低，碳达峰指标将很快达到0，甚至小于0。

然而，碳中和是指碳排放总量要等于或小于碳汇所吸附的总量。研究表明，我国未来可实现的碳汇很难超过15亿t二氧化碳，这只相当于我国近年来二氧化碳排放总量的1/7。由于有些基础工业需要燃烧过程，不可避免地要排放二氧化碳，所以碳汇指标最多用于中和这些无法实现零排放的工业过程。对大多数部门来说，实现碳中和就意味着零排放。对于建筑部门，应该把零排放作为实现碳中和的基本目标。所以与碳达峰相比，实现零碳排放更是巨大的挑战。建筑部门的零碳就是指建筑部门相关活动导致的二氧化碳排放量和同样影响气候变化的其他温室气体的排放量都为零。

（1）建筑运行过程中的直接碳排放

这主要指建筑运行中直接通过燃烧方式使用燃煤、燃油和燃气等化石能源所排放的二氧化碳。从外界输入到建筑内的电力、热力都是建筑消耗的主要能源，但由于其发生排放的位置不在建筑内，所以建筑用电力、热力属于间接碳排放，不属于建筑的直接碳排放。我国目前城乡共有644亿m^2建筑，如果以建筑外边界为界线，考察这一界限内发生的由于使用化石燃料而造成的二氧化碳排放，可发现主要是：炊事，生活热水，供暖用分户壁挂燃气炉和农村与近郊区的分户燃煤供暖，医院、商业建筑、公共建筑使用的燃气驱动的蒸汽锅炉和热水锅炉等活动通过燃烧造成的碳排放。北方城镇居住建筑约5%采用燃气壁挂炉，近几年华北农村清洁取暖改造也使燃气供暖炉进入了部分农户。此外就是目前70%以上的北方农村及部分城乡接合部的居住建筑冬季仍采用燃煤炉具取暖。这些取暖设施导致每年超过3亿t的二氧化碳排放，应该是全面取消建筑内二氧化碳直接排放工作的重点。

（2）使用电力、热力导致的间接碳排放

目前建筑运行最主要的能源是外界输入的电力。我国2019年建筑运行用电量为 1.89 万亿 kW·h，每 1kW·h 电力平均排放 0.557kg 二氧化碳，因此建筑用电对应的间接碳排放为 11 亿 t 二氧化碳。再就是北方城镇广泛使用的集中供热系统，由热电联产或集中燃煤、燃气锅炉提供热源。燃煤、燃气锅炉的二氧化碳排放完全归于为了供暖导致的建筑间接碳排放；热电联产电厂的碳排放则按照其产出的电力和热力分摊。由此可得到我国目前城镇集中供热导致的二氧化碳间接排放量为 4.5 亿 t 二氧化碳。这样，建筑用电和建筑供暖用热力这两项就构成每年 15.5 亿 t 的二氧化碳间接排放，占我国目前二氧化碳排放总量的 16%。随着建筑实现全面电气化，其他各类直接的燃料应用也将转为电力，这将使建筑用电量进一步增加。按照分析预测，2040 年以后我国人口稳定在 14 亿，其中城市人口 10 亿、农村人口 4 亿；城乡建筑总规模为 750 亿 m^2，其中北方城镇需要供暖的建筑面积达到 200 亿 m^2。这就使得建筑运行需要的电力、热力进一步增加，从而使得建筑用电、用热造成很大的二氧化碳间接排放。由于建筑的电力、热力供应造成的间接碳排放是建筑相关碳排放中最主要的部分，所以降低这部分碳排放，并进一步实现零碳或碳中和，成为建筑减排和实现碳中和最主要的任务。

（3）建筑建造和维修耗材的生产与运输导致的碳排放

我国制造业用能占全国能源消费总量的 65%，制造业用能导致的碳排放成为我国最主要的碳排放。而制造业用能中，80% 为钢铁、有色、化工和建材这 4 个产业用能。化工产业的部分用能是以能源为生产原料，并不构成碳排放。因此钢铁、有色、建材三大产业是我国制造业主要的碳排放产业。我国的这 3 个产业具有巨大的产能，2019 年我国钢产量超过 10 亿 t，排世界第一，而世界钢产量第二至第十的国家钢产量之和也没有达到 10 亿 t。我国水泥、平板玻璃等产量更是超过世界总产量的 50%。巨大的产量形成巨大的碳排放。具有这样的产量又是由旺盛的市场需求所导致。进入 21 世纪以来，我国经济发展的主要驱动力是快速城镇化带来的城镇建设和大规模基础设施建设。2019 年城镇房屋总量几乎为 2000 年的 4 倍，高速公路、高速铁路则从零起步，20 年的时间使我国高速公路、高速铁路的总里程都位居世界第一。20 年建筑业和基础设施建造的飞速发展，极大地改变了我国土地的面貌，为实现美丽中国奠定了重要基础。然而，这样的建设速度就导致对钢铁、建材和有色金属产品的旺盛需求。我国钢铁产品的 70%、建材产品的 90%、有色产品的 20% 都用于房屋建造和基础设施建造，其中一半以上用于房屋建造。

而这些产品的生产、运输又形成巨大的碳排放。我国民用建筑建造由于建材生产、运输和施工过程导致的二氧化碳排放量已达16亿t，接近建筑运行的22亿t的二氧化碳排放量。二者之和几乎达到我国碳排放总量的40%，成为全社会二氧化碳排放量占比最大的部门。

目前我国的大兴土木，是钢铁建材产量居高不下的主要原因，而钢铁建材生产过程的碳排放又在工业生产过程碳排放总量中占主要部分。研究新型的低碳建材和与其相配套的结构体系、建造方式，是未来建筑业实现低碳的重要任务。

（4）非二氧化碳类温室气体排放

除了二氧化碳导致气候变暖，还有很多非二氧化碳气体排放到大气后也会造成温室效应。根据有关机构的初步分析，我国排放的非二氧化碳温室气体按照全球变暖潜能（global warming potential，GWP）的方法看，相当于使用化石能源所排放的二氧化碳量的20%～30%。其中，建筑中采用气体压缩方式进行空调制冷所普遍使用的氢氟烃、氢氯氟烃类制冷剂就是主要的非二氧化碳类温室气体。我国由于建筑相关制冷剂泄漏造成的温室气体相当于1亿t二氧化碳当量。非二氧化碳温室气体问题是与二氧化碳同样重要的影响气候变化的关键问题，需要建筑部门认真对待。非二氧化碳类温室气体排放问题的解决，会导致建筑中冷冻冷藏、空调制冷技术的革命性变化，实现技术的创新性突破，值得业内关注。

结构保温板（structural insulated panels，SIPs）建筑具有良好的隔热保温性能，降低了建筑的采暖制冷能耗，减少建筑运行过程中的直接碳排放和间接碳排放；经过节能设计后，配合利用太阳能、风能、地热能等可再生能源，可以成为净零能耗建筑，减少因空调使用造成的非二氧化碳类温室气体排放。并且结构保温板建筑采用轻质的“负碳”材料木材作为主要建筑材料，可以有效减少建材生产、运输和建筑建造过程中的碳排放。总之，推广结构保温板建筑为推进我国建筑业绿色发展提供了方案选择，有助于实现碳达峰和碳中和目标。

1.1.2　建筑节能

我国现有的150亿m^2供暖建筑中，约30亿m^2是20世纪80～90年代建造的不节能建筑，其热耗是同一地区节能建筑的2～3倍。目前北方城镇供暖建筑的冬季平均耗热量为0.3 GJ/m^2，远高于节能建筑所要求的低于0.2 GJ/m^2。北方城镇供暖建筑需要每年 60 亿 GJ 的热量来满足供暖需求，庞大的化石能源消耗已成为我国经济发展的阻碍。此外，我国供暖建筑普遍出现过热现象，导致居住品质下降。很多供暖建筑冬季室内温度高达 25℃，远高于要求的 20℃的舒适供暖温度。当室外温度为 0℃时，室温为 25℃的房间供暖能耗比室温为 20℃的房间高 25%。

随着中国城市化的快速发展，人民群众生活水平不断提高，建筑能耗的总量将持续增长。做好建筑节能工作，降低单位建筑面积能耗，对节约能源、保护环境、应对全球气候变化、推进国家经济社会的可持续发展具有重大意义。建筑节能是我国节能工作的一个重要领域，是一项复杂的系统工程，涉及规划设计、建设施工、建筑节能产品等多个环节，甚至延伸到整个建筑的全周期。建筑节能是社会经济发展的需要，也是减轻大气污染的需要。建筑节能还可以改善热环境的质量，随着现代化建设的发展和人民生活水平的提高，人们生活需要更舒适的建筑热环境。因此，建筑节能在社会发展中的重要性日益凸显。

（1）建筑节能是实现碳中和目标的需要

建筑节能水平关系到建筑运行过程中的直接碳排放、间接碳排放、非二氧化碳类温室气体排放水平，由此可见，通过节能改造和节能运行降低实际需求，是实现低碳的首要条件。目前，我国北方有约 150 亿 m^2 城镇建筑冬季需要供暖，随着城镇化进一步发展和居民对建筑环境需求的不断提高，未来北方城镇冬季供暖面积将达到 200 亿 m^2。目前这些热量中约有 40% 由各种规模的燃煤、燃气锅炉提供，50% 则由热电联产电厂提供，其余 10% 主要通过不同的电动热泵从空气、污水、地下水及地下土壤等各种低品位热源提取，燃煤、燃气锅炉造成约 10 亿 t 二氧化碳的排放。在未来要大幅度减少这部分碳排放，应减少供暖需求的热量。采用低能耗的围护结构、推广新型节能建筑体系是推动我国住房城乡建设领域供给侧结构性改革的必然趋势，对实现绿色发展具有重要的现实意义和深远的战略意义。

（2）建筑节能是社会经济发展的需要

经济的发展，依赖于能源的发展，需要能源提供动力。能源短缺对于我国经济的发展是一个根本性的制约因素，国家经济要发展，就离不开节能。从能源资源条件看，我国煤炭和水力资源比较丰富，但煤炭的经济可采储量和可开发的水电量按人均水平标准，均低于世界人均水平的一半，至于石油和天然气就更少。如果我们继续不断挥霍自然资源，竭泽而渔，势必贻患子孙。为了后代能可持续利用国家的能源储藏，我们现在就必须节约能源。

（3）建筑节能是减轻大气污染的需要

近十几年来，世界上越来越关心燃烧矿物燃料所产生的污染问题，各发达国家的节能政策，也是以减少燃料燃烧的排放物为明确目标。其原因是，人们已经认识到所排放的颗粒物以及碳和氮的氧化物会危害人体健康，并造成环境酸化，而造成的二氧化碳积累，将导致地球气候产生重大变化，如水旱灾害更加频繁和猛烈、海平面升高使一些岛国被淹没、飓风愈加凶猛并向高纬度扩展、大量物种迅速灭绝等，从而使人类生存面临重大危机。特别是我国，煤炭消费量占能源消费总量的3/4左右，造成的大气污染主要是煤烟型污染。随着城镇建筑的迅速发展，采暖和空调建筑、生活和生产用能日益增加，向大气排放的污染物急剧增长，环境形势十分严峻。大气污染以煤烟为主，以PM2.5和酸雨的危害最大，建筑采暖和炊事用能是造成大气污染的两个主要因素。几个大气污染指标，如总悬浮颗粒、降尘、二氧化碳和氮氧化物，北方城市高于南方城市，采暖期重于非采暖期。上述污染物是许多疾病的致病因素，对居民健康造成严重危害。

（4）建筑节能是改善建筑热环境的需要

随着经济的发展和人民生活水平的提高，舒适的建筑热环境日益成为人们生活的需要。在发达国家，无论是冬天还是夏天适宜的室温已成了一种基本需求，他们通过高效利用能源满足这种需求。在我国，人们对室温的要求也在不断提高，这与我国大部分地区冬冷夏热的气候特点有很大关系。与世界同纬度地区相比，1月平均气温我国东北要低14～18℃，黄河中下游要低10～14℃，长江以南要低8～10℃，东部沿海要低5℃左右；而7月平均气温，我国绝大部分地区却要比同纬度地区高出1.3～2.5℃。加之，高温时期整个东部地区温度均高，低温时期东南地区仍保持高湿度。因此，夏天闷热，冬天潮凉，建筑使用者的舒适度较低。北京日平均气温低于10℃的冬季，一年平均有158天；高于22℃的夏季，一年平均有98天。冬季和夏季的时间，一共长约8个半月，而气候宜人的春天和秋天，才只有3个半月。由此可见，我国冬冷夏热的问题是相当突出的，人民生活越改善，越不堪忍受寒冬暑夏。冬天需要采暖，夏天需要空调，这些都要基于能源的支持，其中对优质能源的需求量增长更快。而我们的能源供应特别是优质能源供应十分紧张。从宏观上看，只有在同时实现节约能源与加速能源开发的条件下改善热环境，这个问题才有可能解决。

（5）建筑节能是发展建筑业的需要

多年以来，各发达国家建筑业发展的实践证明，各种建筑技术和建筑产品的发展都与建筑节能的发展息息相关。这是因为随着国家对建筑节能要求的日益提高，墙体、门窗、屋顶、地面以及采暖、空调、照明等建筑的基本组成部分都发生了明显的变化。房屋建筑不再是砖石等几种传统产品包揽天下，多年以来袭用的材料和做法不得不退出历史舞台，材料设备、建筑构造、施工安装等都在进行多方面的变革，许多新的高效保温材料、密封材料、节能设备、保温管道、自动控制元器件大量涌入建筑市场。新的节能建筑大量兴建，加上既有建筑大规模的节能改造，产生了巨大的市场需求，从而涌现出很多生产建筑节能产品的企业，也促进了各设计施工和物业管理部门调整其技术结构和产业结构，使得不少发达国家的建筑业在相对停滞中出现了生机。不仅发达国家的情况如此，从我国几个建筑节能工作开展较好的城市经验中也可以看出，建筑节能对于建筑师也绝不是一种负担，而是一种新的动力。谁更早地看清楚了这一点，谁就掌握了主动，在日后的竞争中占有较大的优势。

新型建筑节能材料的应用发展是建筑节能的一个重要发展方向。多年来，我国建筑材料行业围绕建筑节能在生产节能建材产品，开发推广建材节能生产技术，建立相关法律、法规体系等方面做了大量工作。一是研究、开发、引进消化、推广了一大批建材生产节能技术和设备。二是研究、开发、消化吸收、生产了一大批节能建材产品，如发展推广了各类墙体材料。目前常用的保温绝热材料主要有：模塑聚苯乙烯泡沫塑料板（EPS）、挤塑聚苯乙烯泡沫塑料板（XPS）、泡沫玻璃、膨胀珍珠岩、岩矿石棉板、玻璃棉毡、海泡石以及超轻的聚苯颗粒保温浆料等。这些材料共同的特点就是在材料内部都有大量的封闭孔，它们的表观密度都较小，这也是作为保温隔热材料所必备的。对于新型节能型建筑材料，其主要发展方向应该是材料的无害化和更加节能，进一步提高优良新型节能型建筑材料在工程中的使用率。对于化学建材，其有害物质含量应该越来越低，直至为零，并逐步减少化学建材的使用。其中，建筑围护结构的保温性能、生产使用及环境友好度始终是关注的焦点。虽然目前有将墙体作为一个系统来研究和应用，并与结构体系进行配套，但在工程上使用后，配套措施不完善等原因会使墙体的节能性能和使用性能受到影响。因此，应该研制推广新型节能型墙体材料，提高建筑物的节能水平和墙体材料的工厂化生产比率。

结构保温板作为一种新型建筑围护结构在欧美国家已经被广泛推广应用，并有相应的结构保温板协会（strutural insulated panels association，SIPA）为使用者提供成熟的技术支持，其技术成果可以被国内借鉴使用。人们对建筑物的外形美观，居住、工作舒适度，装饰装修无污染等方面的要求也在不断提高。同时国家实施可持续发展战略，大力开展生态文明建设，陆续出台的建筑节能减排实施标准和政策法规为结构保温板在住宅建筑中的推广应用奠定了良好的技术和政策基础。推广应用结构保温板建筑是贯彻可持续发展战略、实现建筑节能目标的重要措施。

1.1.3　建筑工业化

早在20世纪初，国外就有过一些建筑工业化的设想和实验，但是都没有得到推广，直到第二次世界大战以后，由于战后房荒严重，劳力不足，旧的生产方式无法满足急迫的需要，同时战后经济的快速恢复和发展为工业化提供了物质基础，才从欧洲的英、法、苏联等国开始，逐步出现了建筑工业化的高潮，而其中最大量、最普遍的就是住宅建筑的工业化。到20世纪60年代，这种形式已经扩大到世界上其他工业发达的国家如美国、日本等，形成了建筑业的一次深刻的变革。

我国在20世纪50年代开始学习苏联的经验，尝试在全国建筑业推行标准化、工业化、机械化设计施工，发展预制构件和预制装配式建筑。1978年国家建委提出了以“设计标准化、构配件生产工厂化、施工机械化”和“墙体改革”为重点的建筑工业化目标后，积极研究和推行新材料和新结构，大板住宅、大模板住宅、砌块住宅、框架轻板住宅和滑升模板住宅等建筑工业化模式在北京、上海等城市得到了推广。

进入20世纪90年代后，受体制、技术和管理水平的限制，装配式建筑发展进入了快速萎缩期，取而代之的是现浇混凝土的大量应用，以短肢剪力墙为代表的现浇混凝土建筑结构体系逐步在我国城市住宅建筑中占据了主导地位，为此，一大批生产建筑预制构件的工厂逐步退出市场。其后一段时间，虽然原建设部组建住宅产业化办公室，提出了“推进住宅产业现代化，提高住宅质量，加快住宅建设”的发展思路，国务院办公厅也转发了原建设部等八部委《关于推进住宅产业现代化提高住宅质量的若干意见》(国办发〔1999〕72号)，但建筑工业化萎缩状况并没有得到明显改善。直到2006年，随着建设部下发《国家住宅产业化基地实行办法》(建住房〔2006〕150号)，政府对住宅产业化的支持力度逐渐加强，住宅产业化的发展才再次进入了正轨。特别是进入“十二五”之后，随着我国城市建筑施工在人力资源、施工场地和环境保护等方面的约束日趋严格，新型建筑工业化施工迅速、质量可靠、全生命周期绿色环保等优点逐步凸显，在各级政府、建筑建材企业和社会相关方面的共同努力下，我国建筑工业化工作又重新进入了发展的快车道。2020年，全国31个省、自治区、直辖市和新疆生产建设兵团新开工装配式建筑共计6.3亿m^2，较2019年增长50%，占新建建筑面积的比例约为20.5%，完成了《“十三五”装配式建筑行动方案》确定的到2020年达到15%以上的工作目标。随着政策驱动和市场内生动力的增强，装配式建筑相关产业发展迅速。截至2020年，全国共创建国家级装配式建筑产业基地328个，省级产业基地908个。在装配式建筑产业链中，构件生产、装配化装修成为新的亮点。其中，构件生产产能和产能利用率进一步提高，全年装配化装修面积较2019年增长58.7%。

建筑工业化就是采用现代化的科学技术手段，以集中的、先进的大工业生产方式代替过去分散的、落后的手工业生产方式。它的主要标志是建筑设计标准化、构件生产工厂化、施工机械化和组织管理科学化。随着建筑工业化工作的不断推进，建筑工业化的内涵也日趋丰富。现阶段提出的新型建筑工业化中的“新型”二字主要是与我国以前的建筑工业化相区别，强调通过信息化与建筑工业化的深度融合，最大限度减少建筑建造和使用过程对环境的影响，提高使用舒适性，倡导建设绿色建筑，实现建筑与环境的和谐发展。即新型建筑工业化是以构件预制化生产、装配式施工为生产模式，以设计标准化、构件部品化、施工机械化、管理信息化为特征，能够在设计、生产、施工、管理等环节形成完整的有机产业链，实现了房屋建造全过程的工业化、集约化和社会化，并将建筑工业化与信息化深度融合，从而提高建筑工程质量和效益，实现建筑产品节能、环保、全生命周期价值的最大化，是对传统建造模式的重大变革。其内涵主要包括以下4个主要方面：

第一，新型建筑工业化的主要特征是将建筑生产的工业化进程与信息化紧密结合，体现了信息化与建筑工业化的深度融合。信息化技术和方法在建筑工业化产业链中的部品生产、建筑设计、施工等各个环节都起到不可或缺的作用。

第二，新型建筑工业化集中体现了工业产品社会化大生产的理念。新型建筑工业化具有系统性和集成性，促进了整个产业链中各相关行业的整体技术进步，有助于整合科研、设计、开发、生产、施工等各方面的资源，协同推进，促进建筑施工生产方式的社会化。

第三，新型建筑工业化是实现建筑全生命周期资源、能源节约和环境友好的重要途径之一。新型建筑工业化通过标准化设计优化设计方案，减少由此带来的资源、能源浪费；通过工厂化生产减少现场湿法作业带来的建筑垃圾等废弃物；通过装配化施工减少对周边环境的影响，提高施工质量和效率；通过信息化技术实施定量和动态管理，达到高效、低耗和环保的目的。

第四，新型建筑工业化有利于建筑业与城镇化的协调发展。一方面，城镇化进程为建筑工业化的发展提供了巨大的市场空间；另一方面，建筑工业化也为城镇化带来了新的产业支撑，为建筑农民工向产业工人的转型提供了产业平台，有利于促进城镇化的健康发展。

由于结构保温板建筑的承重构件、围护部件及各种零配件，全部可以在工厂加工制作，仅需运到现场进行组装。此外，内外装修及水暖电设备，也可在专门的厂家采购，运到现场进行安装。总体上，结构保温板建筑的生产建造方式与新型建筑工业化的主要特征相符，为推广新型建筑工业化提供了新的选择。

1.2 推广意义

（1）降低建筑部门碳排放，实现碳中和目标

发展新型建筑材料及制品关系到我国碳中和战略的实施。2019 年全国生产 24 亿 t 水泥，产生 18 亿 t 的二氧化碳排放。减少和替代高耗能、高排放的传统建材，使用绿色可再生建材是可行、有效的减碳途径之一。木材是真正的绿色、可再生建材，仅有少量运输和加工能耗，相比水泥基本可忽略不计。不仅替换减碳，木质建材本身更是固碳材料。国外研究表明，平均 1 m^3 木材代替同体积水泥结构，不仅直接减少 1.1 t 二氧化碳排放，同时还可长期存储 0.9 t 在被使用的木材里，二者合计可减少约 2 t 的二氧化碳，减碳、固碳效果明显。此外，推广结构保温板建筑减少了建筑运行期间的直接碳排放和间接碳排放。推广低碳节能的新型建筑体系，能够适应社会进步的要求，是低碳经济发展和社会进步的必然趋势。

（2）减少建筑能耗，缓解能源紧缺

发展节能建筑能够有效缓解国家能源紧缺的现状，研发新型建筑保温材料是实现建筑节能基本的条件，各国在建筑中都逐步采用了大量新型保温材料。深入研究结构保温板的性能，对于加快推进节能舒适型建筑的发展、缓解我国能源紧缺的局面和实现节约型社会具有促进作用。

（3）有利于推广建筑产业化

建筑产业化是利用标准化设计、工业化生产、装配式施工和信息化管理等方法来建造、使用和管理建筑。以装配式建筑为代表的新型建筑工业化快速推进，建造水平和建筑品质明显提高。

（4）提高自主创新能力，增强企业竞争力

生产企业针对这种新型建材在工程应用中出现的问题，建立以企业为主体、产学研结合的技术创新体系，建立一系列可靠的标准及选用手册，解决影响产品推广的实际问题，大幅度提高自主创新能力，促进企业扩大生产规模，提高市场份额，快速拓展市场。

同时，推广结构保温板建筑在保护耕地、推进乡村振兴、解决逐渐出现的劳动力短缺等切实问题上也有重大意义。

1.3 结构保温板建筑发展概述

结构保温板是一种“三明治式”的夹芯复合板材，通常由两片定向结构板材（定向刨花板、防水胶合板等）粘在膨胀硬泡沫保温芯材（聚苯乙烯泡沫板、聚氨酯泡沫板等）上组成复合板材，如图 1.1 所示。因结构保温板的构造特点是“两张皮＋内芯”，故其受弯或受压时，单位宽度板截面的受力工作原理类似于工字形钢（或 H 型钢），如图 1.2 所示。按照结构受力蒙皮理论，外层面板主要承受弯曲变形引起的正应力；面板和芯材之间是胶接层，采用聚氨酯胶或环氧树脂将两者粘结在一起，中间芯材为夹层结构提供足够的截面惯性矩，工作时主要承受剪应力。该复合板材具有一定的承载能力，可作为结构构件使用，是一种高性能的建筑墙体材料，如图 1.3 所示。同时因为中间填充的硬质发泡材料具有保温隔热的作用，也具备建筑围护性能。因此，这样做成的板材既承重又保温，所以称为结构保温板。

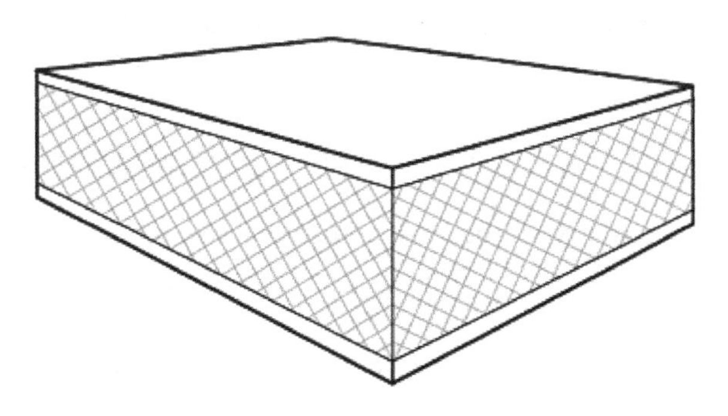

图 1.1　结构保温板示意图

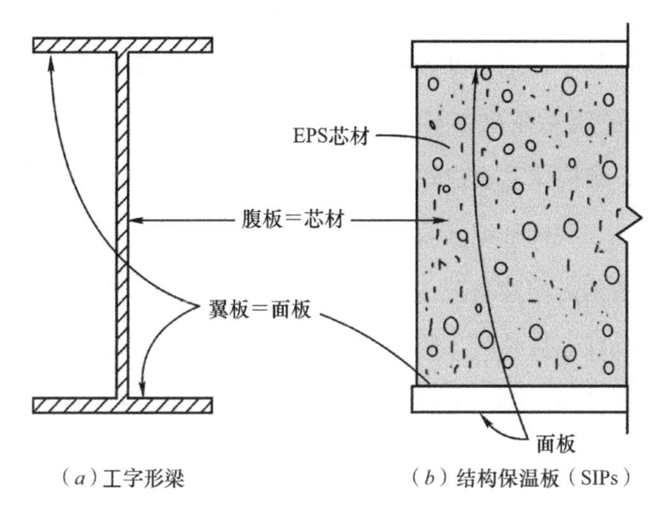

图 1.2　结构保温板受弯时截面类似于工字形钢梁图

图 1.3　结构保温板作为结构构件使用

1935 年，结构保温板的概念最先由美国林产品实验室（FPL）提出，研究人员经试验发现由硬纸板和胶合板覆面的复合板材能够承受结构荷载；1952 年，结构保温板开始使用硬质泡沫保温芯层，兼具了承重与保温两种性能；1967 年，FPL 采用结构保温板建造实验工厂并对其结构、保温等性能进行测试，以此为开端，结构保温板建筑受到了越来越多的关注。最初，美国把结构保温板称为预制木基承重应力面板（prefabricated wood-based load bearing stressed skin panels），有时也简称其为应力面板（stressed skin panels）或应力面保温芯板（stressed-skin insulating core panels，简称 SSIC 板），1990 年之后，结构保温板协会决定将其命名为结构保温板（structural insulating panels，简称 SIPs）。2007 年，结构保温板建筑被正式写入美国民用建筑规范，以此为标志，结构保温板建筑受到北美、日本等发达地区、国家关注，广泛应用于住宅、办公楼、学校、移动组合式别墅等建筑类型，逐渐成为现代绿色建筑的重要解决方案。

与国外相比，结构保温板建筑在国内推广应用起步较晚，且近年来发展较为缓慢。2000 年左右，我国陆续从国外引入小批量结构保温板房屋。到 2007 年，以大连阔森特为代表的新型建材公司开始从北美引进结构保温板建筑技术，并在国内承建了少量结构保温板建筑。国内结构保温板相关技术规程正在逐步健全，如《金属面绝热夹芯板技术规程》CECS：411—2015、《非金属面结构保温夹芯板设计规程》CECS：445—2016、《结构用木质覆面板保温墙体试验方法》GB/T 36785—2018 相继颁布，为结构保温板建筑技术在我国的推广应用奠定基础。

与大多数现代建筑结构理论一样，结构保温板的结构力学要点是计算弹性粘结复合结构系统的组合作用效果，如图 1.4～图 1.6 所示。如果可以把面板考虑为刚性复合单元，就可以按芯材的剪切变形，采用经典梁理论计算复合结构的结构保温板的组合作用效果；德国 Minchen 大学的 Kreuzinger 教授已经给出了计算复合要素的一般模型，可计算具有复合结构的结构保温板组合作用效果；也可以采用“格子骨架静力学”程序来计算结构保温板的组合作用效果；还可以采用弹性粘结的微分方程解或微分法计算结构保温板的组合作用效果。

结构保温板最常见的面板是定向刨花板（OSB），保温芯材是模塑聚苯乙烯硬泡沫板（EPS）。板材的厚度从 114mm（热阻 $2.64m^2 \cdot K/W$）到 311mm（热阻 $8.11m^2 \cdot K/W$），以满足不同保温和强度的要求。结构保温板的尺寸一般为

1220mm×2440mm，最大的尺寸可达到 2440mm×7320mm。结构保温板也可由不同的结构材料组成，目前结构保温板的材料正朝向多元化方向发展。目前，国内外已有的结构保温板类型见表 1.1。

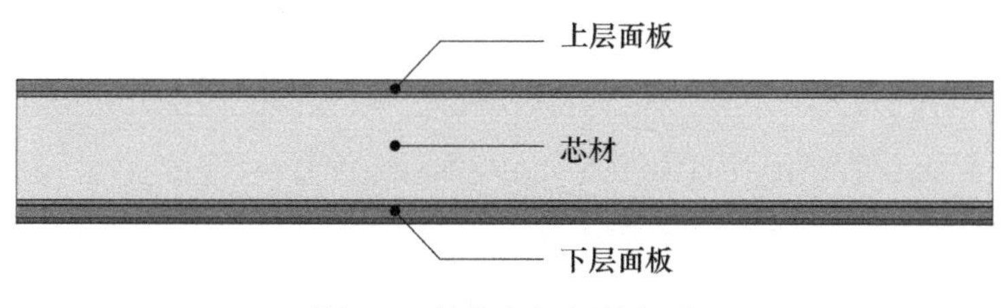

图 1.4　结构保温板的组成

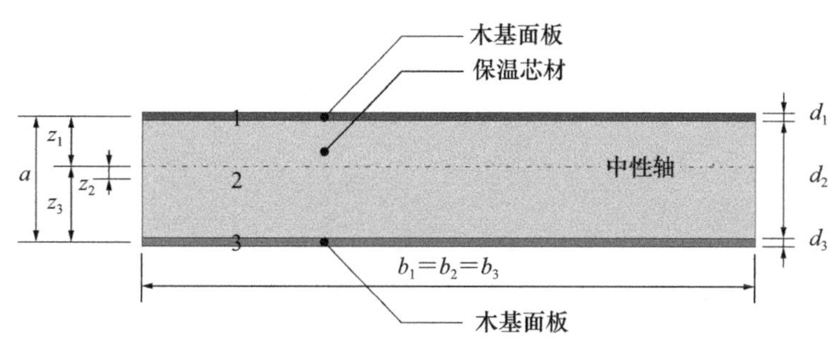

图 1.5　结构保温板截面

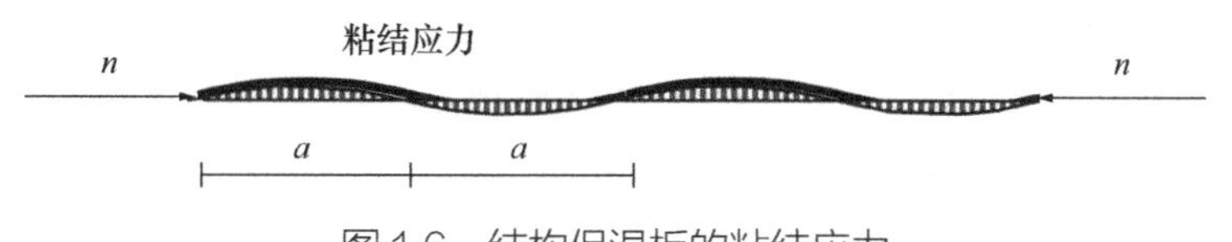

图 1.6　结构保温板的粘结应力

结构保温板类型　　表 1.1

类型	面板	芯材	备注
OSB 板夹芯板	OSB 板	常用的是聚苯乙烯泡沫、硬质聚氨酯泡沫，也有用岩棉、玻璃纤维棉；美国甚至有用麦秸等	薄钢板可彩印或涂刷；面板材料可交叉使用
薄钢板夹芯板	薄钢板		
纸面石膏板夹芯板	纸面石膏板		
水泥纤维板夹芯板	水泥纤维		
硅钙板夹芯板	硅钙板		
铝合金薄板夹芯板	铝合金		

目前，结构保温板的出现为民用建筑及工业建筑提供了一个高效节能的外围保护系统。先进的计算机设计及加工技术能生产高精度的结构保温板板材并以此

制成平整、笔直的墙体。许多制造商提供曲面的结构保温板用于曲面屋顶。结构保温板的设计简单、超高强度及节能保温性能使之成为21世纪的高性能建筑材料。

第2章

结构保温板建筑体系

2.1 结构保温板组成

2.1.1 面板

结构保温板通常采用 OSB 作为面板。OSB（Oriented Strand board）又称定向刨花板，国内也称其为欧松板，它是一种合成木料。

OSB 是以小径材、间伐材、木芯为原料，通过专用设备加工成规定形状和厚度的刨片（一般为 40～100mm 长、5～20mm 宽、0.3～0.7mm 厚），经脱油、干燥、施胶、定向铺装，再经热压成型等工艺制成的一种定向结构板材，是一种新型环保的木质复合材料。制造 OSB 的原料主要为软针、阔叶树材的小径木、速生间伐材等，如桉树、杉木、杨木间伐材等，来源比较广泛，并可制造成大幅面板。OSB 的特性如下：

（1）易加工和防潮性

OSB 表层刨片呈纵向排列，芯层刨片呈横向排列。这种纵横交错的排列，重组了木质纹理结构，彻底消除了木材内应力对加工的影响，使之具有优异的易加工性和防潮性。

（2）握钉能力强

OSB 相比于胶合板、中密度纤维板以及细木工板等板材，其线膨胀系数小，内部为定向结构，无接头、缝隙、裂痕，整体均匀性好，结合强度极高，所以无论中央还是边缘都具有比普通板材高的握钉能力。

（3）可作为承重构件

由于其刨片是按一定方向排列的，它的纵向抗弯强度比横向大得多，因此除可以作为围护结构使用外，还可以用于承重构件。

（4）易加工性

它可以像木材一样进行锯、砂、刨、钻、钉、锉等加工，是建筑结构、室内装修以及家具制造的良好材料。

（5）绿色环保

OSB 无甲醛释放，被市场看作是未来最有前景的人造板种之一，具有广阔的使用空间和发展空间。

OSB 除具有抗弯强度高、线性膨胀系数小、握钉力强、尺寸稳定性好、耗胶量低等优点外，还兼具天然木材的各种优异性能。不但消除了天然木材的各向异性及木材的死节、水线、环裂等缺点，同时赋予了其性能明显高于普通结构板材的诸多优势，从而使 OSB 具备应用领域广泛、易于推广的特点。OSB 的应用相当广泛，主要有以下几个方面：

1）木结构房屋领域的应用

① 内外墙：OSB 具有优良的理化性能，在木结构房屋建筑中是较好的墙体结构材料；OSB 刨片排列规则，木材纹理清晰明朗，所以，OSB 又是木结构房屋内外墙可直接暴露使用的墙体装饰材料；

② 屋顶承载板材：OSB 具有良好的耐潮、耐腐、幅面大且隔热性能，所以 OSB 是理想的屋顶敷设材料；

③ 地板敷设材料：OSB 是地板防潮层的良好材料，也可以加工做成各种质量优良、美观耐用的 OSB 地板；

④ 木结构房屋的工字梁腹板，木龙骨等；

⑤ 雕刻装饰材料：装饰用梁、柱、亭、栏屋檐等；

⑥ 快装房：野外作业用简易房屋、小型房屋，组装方便可拆卸，可多次循环使用的组合构建快装房。

2）土木建筑房屋领域的应用

① 建筑用材：OSB 可作为结构板材用于屋顶板、保温墙板、楼面敷设、地板等；

② 室内装修：门套、窗套、散热器、天花板、床、柜、厨卫家具、电视背景墙、酒店隔断等。

3）家具制造业。家具、沙发、床、办公桌、托架等。

4）包装业。OSB 在恶劣环境中使用，具有稳定、防潮、防蛀、抗震等优点，被世界包装协会列为免熏蒸处理的一级暴露包装材料，可做包装箱板、托盘、周转箱等。

5）交通运输业。用于车辆箱板、内衬板、车厢底板等。

6）其他。展柜、图书馆托架、货架等。

2.1.2 芯材

结构保温板通常采用模塑聚苯乙烯泡沫（EPS）作为芯材。聚苯乙烯泡沫是一种轻型高分子聚合物，它是采用聚苯乙烯树脂，加入发泡剂，同时加热进行软化，产生气体，形成一种硬质闭孔结构的泡沫塑料。分为普通型和阻燃型两种类型。其加工方法按照发泡的方式可分为一次成型法和二次成型法两种。

20世纪50年代德国BASF公司开发EPS珠粒生产工艺后，由于成型工艺简单及设备简易可行，并可制成各种形状、不同密度的产品，因而EPS泡沫塑料发展迅速。近年来EPS在我国也引起了重视，了解和应用这一技术已成为工程界的必然趋势。我国EPS工业从1958年自行研制的悬浮聚苯乙烯塑料上市至21世纪的今天，EPS得到空前的发展，著名的厂家有龙王、兴达、台达等。

EPS在工程中的应用起始于1965年，挪威在路面下铺设5～10mm厚的EPS板作为隔温层，以满足严寒季节对道路防冻的要求。1972年，挪威道路研究所在研究填土施工法时首次用EPS代替填土并获得成功，解决了与桥台相接路堤的过度沉降问题。1985年在奥斯陆召开的国际道路会议上公开了该项技术，从此EPS在瑞典、法国等国也得到广泛的应用，并取得了成功，较圆满地解决了软基过度沉降和差异沉降、路堤与桥台相接处的差异沉降等问题。

EPS均匀的封闭空腔结构使EPS材料具有吸水性小、介电性能优良、质量轻及较高的机械强度等特点。其主要特性如下：

（1）密度

聚苯乙烯颗粒的膨胀倍数决定EPS的密度介于10～40kg/m^3，工程中常用密度为15～30kg/m^3的EPS，自前许多土木工程中用作轻质填料的EPS，其密度常为20kg/m^3，仅为普遍填料的1/100～1/50。

（2）吸水特性

EPS材料的吸水特性与材料的密度、水头高度及制造工艺有关，且含水率的区别会导致其热工参数不同。

（3）热稳定性

在75～85℃下使用EPS一般没有问题，但当温度接近150℃时，聚苯乙烯将熔化，如果附近有火源，EPS也可燃烧。但由含有阻燃剂的聚苯乙烯颗粒发泡成型的 EPS 燃烧后，3s 内可自熄，且阻燃剂对 EPS 的性能没有不利影响。

（4）导热性

EPS 的封闭结构决定了其具有优良的隔热性。有资料表明，EPS 体积吸水率小于 1% 时，其热传导系数可增大 5%；体积吸水率达到 3%～5% 时，热传导系数则可增大 15%～25%。由于封闭 EPS 结构的存在，水渗入 EPS 的速度非常缓慢，即使将 EPS 完全浸入水中，EPS 也具有比土壤优越得多的隔热性。其次 EPS 中存在大量的微小气孔，在工业和民用建筑业中也是一种良好的吸声和装饰材料。

（5）化学特性

EPS 的化学特性从其本质上说与聚苯乙烯树脂相同，对于一般的酸、碱、动植物油、盐类等有较好的抗化学性，而对于芳香族碳化氢、卤族碳化氢、酮类等矿油系药品具有易溶解的性质。因此，要注意防止与这些物质接触。另外，EPS 具有耐久性，在自然环境下具有耐霉变、不受白蚁影响的特性。

2.2　结构保温板制备

2.2.1　材料选择

（1）面板的选择

目前，国内外最常用的是内外侧均采用 OSB 做面板的构造形式，还有多种材料可以作为结构保温板的面板，比如胶合板、纤维板、金属板、水泥纤维板及石膏板等。另外，结构保温板两侧面板可以是同一种材质的板材，也可以是不同材质的板材。最经济的面板应根据所在地气候资源条件、承载要求等来综合确定。

（2）芯材的选择

EPS 在国外是最常用的一种结构保温板芯材。它具有节能效果好、质量轻、价格低、易切割和生产工艺简单等优点，EPS 的热稳定性良好，热变形量为 0.5% 左右，比挤塑聚苯乙烯泡沫（XPS）或聚氨酯泡沫（PU）都要小。除了考虑保温要求外，防火要求也是选择芯材材料需要考虑的问题。

（3）胶粘剂的选择

国外结构保温板主要选用聚氨酯类胶粘剂，这种胶粘剂在使用时需蒸汽压力机热压后才能达到较好的粘结效果。考虑到适用条件，如果在室温冷压条件下达到粘结效果，也可选择双酚 A 环氧树脂作为制备结构保温板的胶粘剂。

2.2.2 制备过程

结构保温板应该根据特定项目，按照确认的设计来定制生产。其制备方法根据保温芯材的发泡时间分为一次成型法和二次成型法两种。

（1）一次成型法

将预先制备好的面层固定在模具空腔两侧，再将聚氨酯发泡材料注入空腔固定成型。在发泡过程中，泡沫胀满腔内，与面层紧密结合。该方法无须使用胶粘剂，对发泡工艺要求较高。

（2）二次成型法

将预先制备好的面层和芯层材料施加胶粘剂，涂胶完成后，按构造方式将面板和芯材叠合并预压，达到一定粘结强度时，将叠合板放置于拼板机上静压，静压强度为 30kPa，静压过程中环境温度为 23±5℃，静压时间为 48h。此方法工艺简单，应用范围广，可进行产业化生产。

2.3 结构保温板建筑组成构件

工业生产的结构保温板也可用低层建筑的承重墙。结构保温板系统用作承重墙要比同样厚度的木骨柱墙体稳固。结构保温板还能用作框架结构的隔墙和外围护材料以及高层、超高层的幕墙结构，能够满足审美或特殊的承载需求。结构保温板板式结构住宅体系是以承重外墙板、承重内墙板、楼板、屋面板为主要承重构件，并配以混凝土基础，采用金属紧固件连接等节点连接方式形成的一种整体装配式结构。

2.3.1 墙体

（1）非承重墙体

采用集保温、隔声为一体的轻质非承重结构保温板，墙内外可做装饰处理。

（2）承重墙体

结构保温板建筑的承重墙板是该体系的核心。该墙板由保温、隔声芯材以及外覆面板组成。其中保温、隔声材料采用不同厚度的模塑聚苯乙烯泡沫板，芯材厚度通常依据建筑保温要求确定，外侧 11mm 厚的 OSB 采用聚氨酯胶双面粘结而成，从而形成整体承重墙板。板材连接处的花键实际上是复合墙板的边框，对墙板形成约束作用，以提高承载能力和整体性能。在北美，结构保温板建筑非常普遍，其保温节能、环保、舒适、结构灵活性等方面有着传统结构不可比拟的优越性。木结构房屋最大的优越性在于其保温性好，另外，结构保温板建筑房屋在抗强风、防火、防白蚁、隔声等方面都有技术上的保证。

2.3.2　楼板

结构保温板可以直接作为住宅的楼板，但是厚度较外墙要稍厚，一般为 200mm 左右。由于 OSB 平面内强度较大，满足传递竖向荷载的要求；也可在底层结构保温板墙体上架设木搁栅或木梁之后再铺设结构保温板楼板，使楼面可以承受更大的荷载。但实际工程中运用结构保温板作为楼板的并不多。据统计，2006 年美国新建工程中，结构保温板的使用达到了 387 万 m^2，其中 55% 用于墙板、42% 用于屋面，而用于楼板的只占 3%。

2.3.3　屋面

屋面多采用坡屋顶做法。在集承重和保温为一体的结构保温板屋面板上做各种防水层，即形成屋面体系。屋面板在结构设计上突出了其节能的特点，在继承以往夹芯板隔声、保温、轻质等优点的基础上，增加了中部聚苯乙烯芯材的厚度，提高了屋面板的保温性能。

2.4　结构保温板建筑性能

2.4.1　特点概述

结构保温板建筑体系作为一种轻型木结构，其采用标准化设计、工业化生产、装配式施工和信息化管理，代表着建筑技术的一次革命。具体来讲，结构保温板建筑体系与其他建筑形式相比具有以下特点：

（1）绿色环保

结构保温板采用可循环再造、不污染环境的自然材料制成，可以达到环保要求。结构保温板板建筑使用过程中不会产生有毒气体，释放的甲醛含量低于0.1ppm，远远低于规范的要求，几乎可以忽略不计，并且不会像潮湿的砌体结构那样产生异味，引起居住者过敏或不适。

（2）轻质高强

结构保温板是由 OSB 面板和 EPS 芯材压制成型，内部结构非常紧密。OSB 有大量的长木纤维，膨胀系数极小，内部结构极其稳定，不必担心外在因素引起的膨胀、变形问题，具有足够的刚性和强度，可以作为主要结构承载材料。研究表明，在厚度相同的情况下，用结构保温板做承重墙体时其强度要比木柱墙高，结构保温板房屋的结构强度超过了北美的“2×4”木结构建筑体系。结构保温板建筑的结构自重很轻，通过成千上万个钉子、螺钉和高强度的连接件固定成一体，兼备了轻结构的柔性，使得房屋系统的整体性和抵抗水平荷载的能力尤为突出。即使倒塌，也能最大限度减少人员的损伤。结构保温板房屋抗风可以达到 200km/h 以上。

（3）保温节能

采用结构保温板板材建造的房屋，具有优异的保温性能。实验表明，厚度为 150mm 的结构保温板墙板热阻值超过 200mm 厚度的保温棉墙体。因为结构保温板是由大型的、统一的密封组件组成的，较大的平板构件也意味着墙上结构缝隙的减少，进而会有更少的热气交流，并且为了进行快速的现场安装，节点设计相对较少，能够进一步减少空气渗透。其卓越的保温性能即使在严寒气候下，能源消耗也非常小，为居住者提供更舒适和可管理的室内环境。

（4）设计柔性大

结构保温板墙板能依照各个房屋的设计，而制造各种不同的规格进行拼接组合，从而使设计富有创意和多种变化。其能够满足住宅结构对开间、进深的要求，并且可以根据用户的要求进行房间的布置设计；自重轻、墙体薄，而且室内不出现明柱，比其他墙体住宅增加约 8.5% 使用面积；楼板内的水电管线可以在结构保温板内部安装，减少管道的构造厚度，增加了室内净高；外墙可根据建筑设计的不同要求进行装修，满足不同的建筑风格。

（5）施工快速

结构保温板板材经过工厂化切割、装配和标号，到现场以后只需要按照图纸进行拼装，大大降低了对现场人员的技能要求，比梁柱结构的木建筑降低了安装成本，工期比传统木结构建筑短；易于实现设计标准化、生产工厂化、施工装配化、管理信息化，从而保证工程质量。结构保温板房屋相比传统的木框架结构房屋，可以减少将近65%的劳动力，在安装过程中能节省2/3的时间。工业化的生产可以在结构保温板内设置标准的布线槽，这样可以使墙体和天花板穿线更加方便，还能充分减小装配现场所需施工空间，减少建筑垃圾的产生并降低对环境的影响。图2.1为一栋在建的结构保温板建筑。

图2.1　在建结构保温板建筑

2.4.2　力学性能

结构保温板材料基本受力性能是结构受力性能的研究基础。在实际应用中由于不同保温要求而产生的芯材厚度的差异将影响材料的整体力学性能。笔者针对以不同厚度EPS为芯材的结构保温板进行了抗拉、抗压、抗剪力学性能的试验研究，研究发现：

1）厚度对结构保温板中EPS芯材的抗拉强度没有显著影响，相应的极限应变随厚度的增加而减小（图2.2）。

2）厚度的增加对结构保温板中EPS芯材的抗压强度有一定加强作用（图2.3）。

3）结构保温板中 EPS 芯材的受压过程与单纯 EPS 材料受压过程相类似，且随着厚度的增大，材料类屈服点的应变值相应减小。

4）厚度的增加对结构保温板中 EPS 芯材的抗剪强度有一定减弱作用，相应的极限应变随厚度的增加而减小（图 2.4），且不同厚度试件双剪切破坏时所受的弯矩基本相同，破坏弯矩为 115～130N・m。

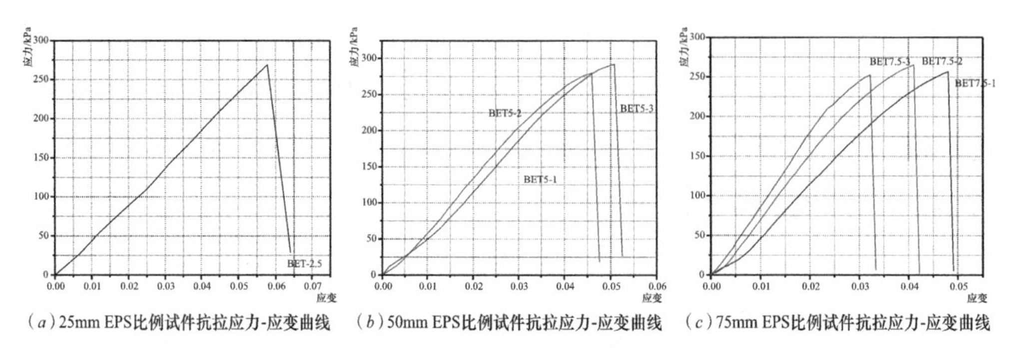

（a）25mm EPS比例试件抗拉应力-应变曲线（b）50mm EPS比例试件抗拉应力-应变曲线（c）75mm EPS比例试件抗拉应力-应变曲线

图 2.2　不同厚度 EPS 芯材抗拉试验应力 - 应变曲线

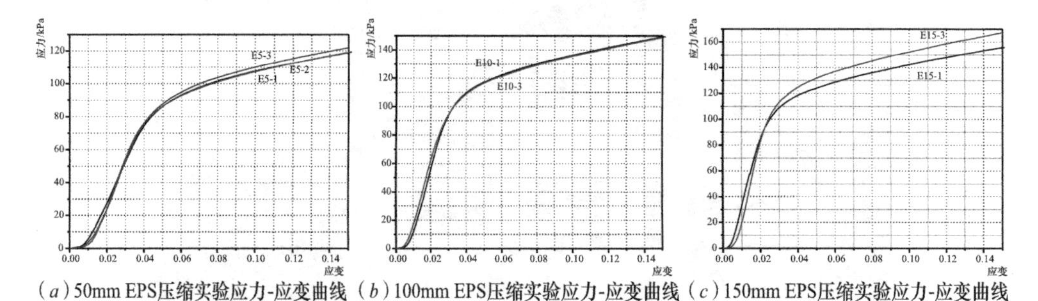

（a）50mm EPS压缩实验应力-应变曲线（b）100mm EPS压缩实验应力-应变曲线（c）150mm EPS压缩实验应力-应变曲线

图 2.3　不同厚度 EPS 芯材抗压试验应力 - 应变曲线

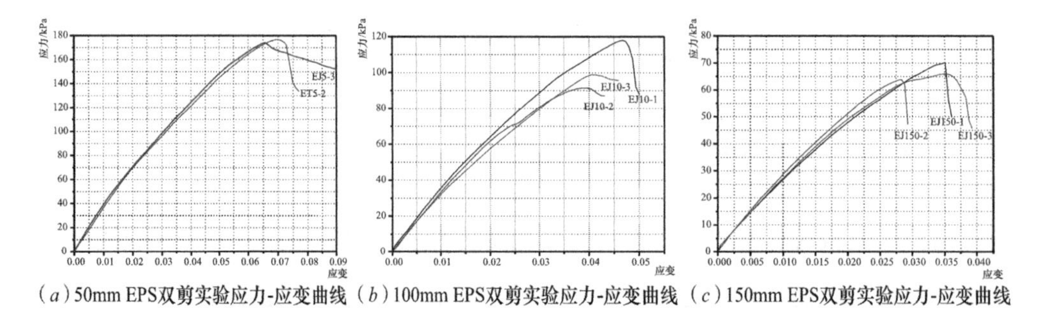

（a）50mm EPS双剪实验应力-应变曲线（b）100mm EPS双剪实验应力-应变曲线（c）150mm EPS双剪实验应力-应变曲线

图 2.4　不同厚度 EPS 芯材双剪切试验应力 - 应变曲线

结构保温板建筑的基本受力构件是墙板和楼板。针对结构保温板墙板的轴压和偏压试验结果表明：

1）试件的强度及其破坏模式主要受板长细比和芯材类型的影响，使用 EPS 芯材墙板和 PU 芯材墙板相比，有较高的承载能力。

2）墙板受压最常见的破坏模式是面板破坏，其次是芯材剪切破坏和界面（芯材和面板粘结界面）破坏。

3）面花键对墙板的抗压性能无显著影响，块花键和规格材花键可以显著提高墙板的强度。

4）封边板的安装质量会影响墙板的初始刚度，对墙板的轴向受压影响较大。

5）通过限制墙板的长细比，确保封边板安装良好，可以有效提高墙板的抗压强度。

6）此外，提高工厂质量控制水平，保持 EPS 芯材和 OSB 面板间的充分粘结，对保证墙板的强度至关重要。

墙板常因安装插座箱而设置开口，这种开口和门窗洞口不同，开口周围不需要设置规格材封边板。当墙板上存在此类开口时，会因为开口周围的 OSB 面板破坏从而丧失承载力，抗压强度较不设置开口的墙板下降 10% 以上。因此，在墙板上应控制开口的数量与尺寸。

笔者研究团队对足尺结构保温板楼板与足尺轻型木结构楼板开展试验研究，从挠度、应变、楼板承载能力等方面探究了花键厚度、花键宽度、花键类型、楼板跨度、结构类型等因素对楼板抗弯性能的影响。结果表明：

1）结构保温板和轻型木结构楼板多在分配梁处发生破坏，破坏的构件主要为花键、封边板或搁栅（图 2.5），结构保温板楼板受面板的蒙皮作用影响，失效时破坏程度较轻型木结构楼板小。

图 2.5 楼板受弯常见破坏模式

2）规格材花键和单板层积材（LVL）花键结构保温板楼板在达到极限荷载破坏后仍具有较高承载能力，而块状花键结构保温板楼板和轻型木结构楼板破坏后承载能力大幅下降。

3）结构保温板楼板中单板层积材花键的楼板承载性能最佳，规格材花键楼板次之，块状花键楼板最差（表 2.1）。

极限荷载、等效面载及跨中挠度对比（花键厚度 235mm）　　表 2.1

试件类型	花键类型	极限荷载	等效面载	跨中挠度
结构保温板	块花键	111.08	9.03	38.44
	单板层积材花键	288.11	23.43	43.06
	规格材花键	239.20	19.45	48.68
轻型木结构	—	126.50	10.29	65.85

4）增加花键厚度对规格材花键结构保温板楼板的承载能力具有积极影响，随厚度增加其承载能力显著增大。花键厚度为 185mm 和 235mm 的结构保温板楼板的承载能力分别为同等搁栅厚度的轻型木结构楼板的 2.8 倍和 1.9 倍，具有较好的安全储备和承载能力（图 2.6、图 2.7）。

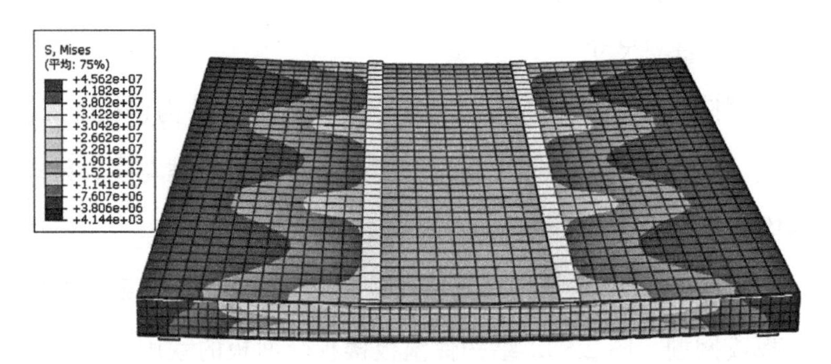

图 2.6　楼板有限元分析应力云图

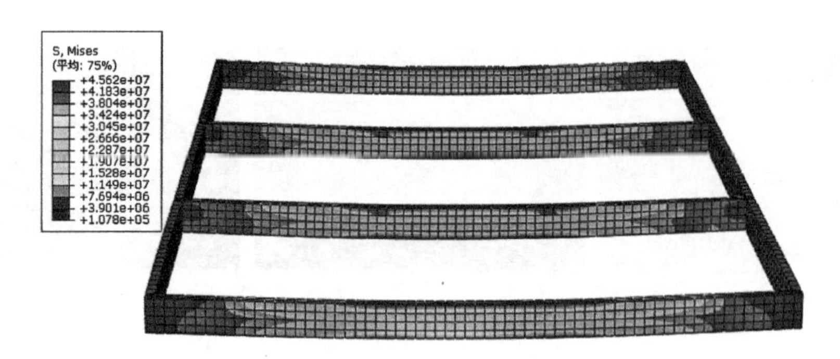

图 2.7　花键和封边板有限元分析应力云图

5）对于单板层积材花键和规格材花键楼板，花键厚度增加可以有效提高各容许挠度下楼面均布荷载，同时具有不同花键宽度的 3 种单板层积材花键楼板的花键厚度由 185mm 增加至 235mm，或 235mm 增加至 286mm 时，极限荷载可提高 29.04%～38.05%，如图 2.8 所示。跨度的增大将导致 2 种楼板各容许挠度下的楼面均布荷载明显降低，跨度每增加 600mm，单板层积材花键楼板极限荷载降低 9.23%～15.31%，如图 2.9 所示。楼板宽度增加对 2 种楼板的楼面均布荷载影响很小，花键厚度为 185mm、235mm 和 286mm 的单板层积材花键楼板宽度每增加 1220mm，其极限荷载分别平均增加 65.07kN、85.35kN 和 109.57kN，如图 2.10 所示。

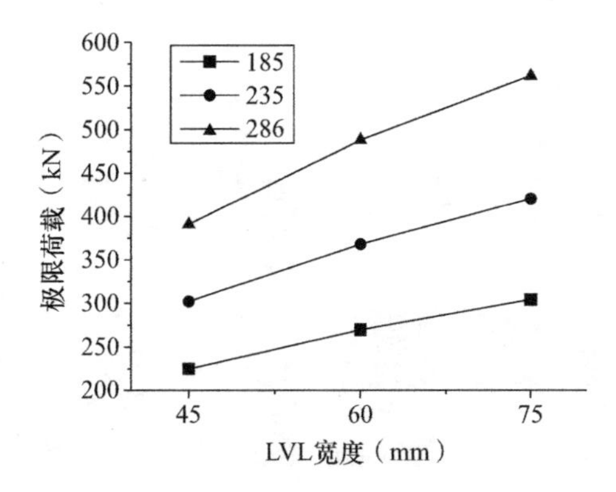

图 2.8 花键厚度与宽度对单板层积材花键楼板极限荷载的影响

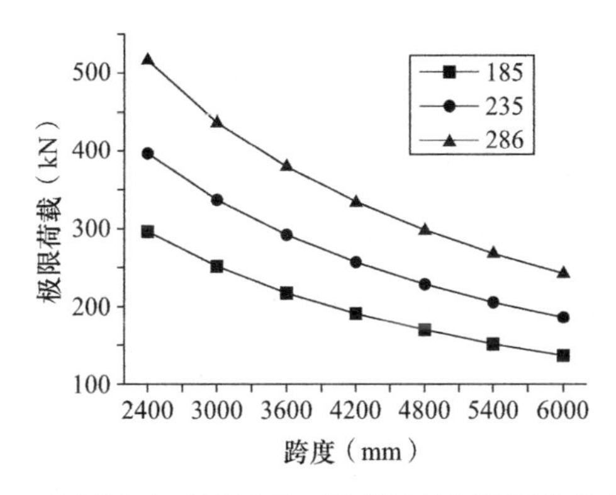

图 2.9 楼板跨度对单板层积材花键楼板极限荷载的影响

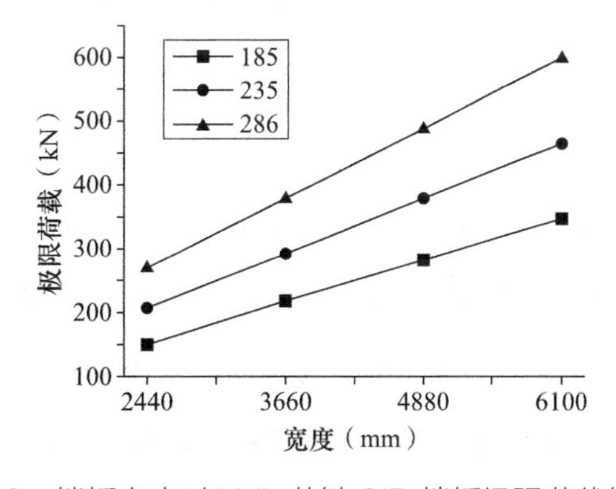

图 2.10 楼板宽度对 LVL 花键 SIP 楼板极限荷载的影响

2.4.3 抗震性能

结构保温板建筑使用的是木质材料和大量的金属连接件连接，具有良好的结构延性，其抗震性能和抗冲击性能较为优越。在1995年1月发生的日本阪神地震中，处于震中附近的6栋结构保温板房屋没有倒塌（图2.11），其优异抗震性能得到了有效证明。

图2.11　地震中的结构保温板房屋（左）与其他木结构房屋

在地震多发区，建筑物经常受到地震产生的侧向力的影响，研究墙体的抗震性能通常进行侧向性能试验。在低周往复加载试验下，结构保温板墙板的破坏形态主要有墙板连接处破坏、墙板和底梁板分离、抗拔连接件与底梁板分离等形式。影响墙体抗震性能的主要因素有墙体高宽比、门窗洞口大小、连接形式。相关结果显示，墙板的高宽比与剪切强度和刚度呈负相关关系，与极限位移呈正相关关系，门窗尺寸与力学强度呈负相关关系。学者研究了无连接、块状花键连接和钢板连接的3类结构保温板在单调荷载及面内循环荷载下的力学性能，块状花键被证明对墙体系统有显著的强度和刚度贡献，但钢板连接对比块状花键并没有显著改变SIP墙体的性能。此外，不同的花键类型对结构保温板墙板的抗震性能没有显著影响。

结构保温板剪力墙与轻型木结构剪力墙的抗震性能的试验结果表明，结构保温板墙体抗震性能明显优于传统轻型木结构墙体，在低周往复加载下，结构保温板剪力墙在极限载荷下的变形值比轻型木结构胶合板剪力墙小50%。面板的类型对结构保温板剪力墙的强度也起着重要的作用，以胶合板为面板的结构保温板墙体较OSB面板的墙体抗侧性能更佳，根据ISO 22452和ASTM E72标准进行试验得到的极限荷载相差5.7%。

2.4.4　热工性能

由于结构保温板由具有高热阻的木质面板和保温芯材组成，因此具有良好的热工性能。作为三明治结构的复合材料，面板和保温芯材的选择对结构保温板的热工性能有显著影响。研究人员对具有钢质金属面板和PU、岩棉或玻璃棉保温层的结构保温板建筑进行了为期1年的实地研究。测量数据表明，深灰色面板外表面温度高于浅灰色面板，PU保温层的热工性能最好。

对于装配式建筑，连接节点对建筑的整体性能有重要影响。结构保温板墙体系统的花键位置，导热系数高的钢钉嵌入了保温层，增加了热损失，并且有可能存在潜在的空气泄漏，因此造成热桥和板材霉变。在结构保温板建筑中，连接2个建筑构件的连接节点热工性能和密封性由于优于连接3个建筑构件的连接节点。相关研究表明，在花键一侧增加规格材热阻隔块可以有效降低热桥效应。在工程应用中，结构保温板建筑的空气泄漏问题通常通过施加密封剂等施工措施加以解决。有学者测试了厚度为25mm和76mm纤维增强塑料面板结构保温板的热阻，在花键处施加密封胶的板材热阻比未施加密封胶的板材高5%～46%。

笔者通过试验和有限元数值模拟，研究了花键类型、材料导热系数、保温层厚度、钢钉间距和直径等因素对厚度为165mm的花键局部传热系数的影响。研究结果表明：

1）连接板材的花键具有较高的传热系数，这将降低墙体的整体热工性能。面花键和块花键的传热系数相近。与无花键的板材相比，面花键、块花键和规格材花键的传热系数分别提高了11.9%、10.0%和60.0%，如图2.12所示。

2）花键内部的温度分布图和热流密度分布图如图2.13和图2.14所示。钢钉附近存在不均匀的温度分布和热流分布，证明钢钉是引起热桥的主要原因。此外，规格材花键的热桥影响区域大于面花键和块花键，说明规格材花键引起的热桥效应更为显著。

3）花键表面沿宽度和高度的温度分布图如图2.15和图2.16所示。对比冷热两侧温差同样可以看出，规格材花键的热桥效应比块花键更明显。花键热侧温差大于冷测，证明结构保温板建筑的内壁受热桥影响更大。此外，越靠近花键中心，热流集中所产生的热桥效应越显著。

4）保温层对花键的传热系数影响最大，如图 2.17 所示。保温层的导热系数对热桥效应较小的花键传热系数影响更显著。当导热系数超过 1.5 W/（m·K）时，规格材花键的热工性能优于块花键。当花键热桥效应较大时，保温层厚度对花键传热系数的影响更显著，与导热系数相反。

5）钢钉对花键的传热系数影响不大，如图 2.18 所示，这是由于保温层削弱了热桥效应。

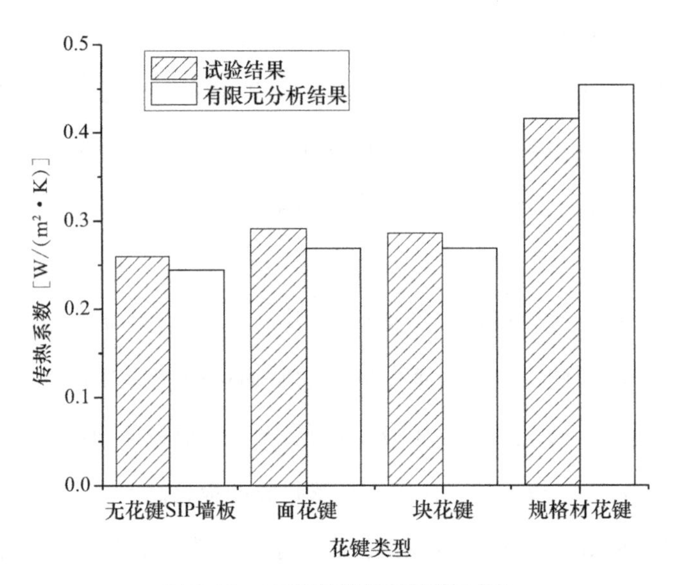

图 2.12　不同花键传热系数对比

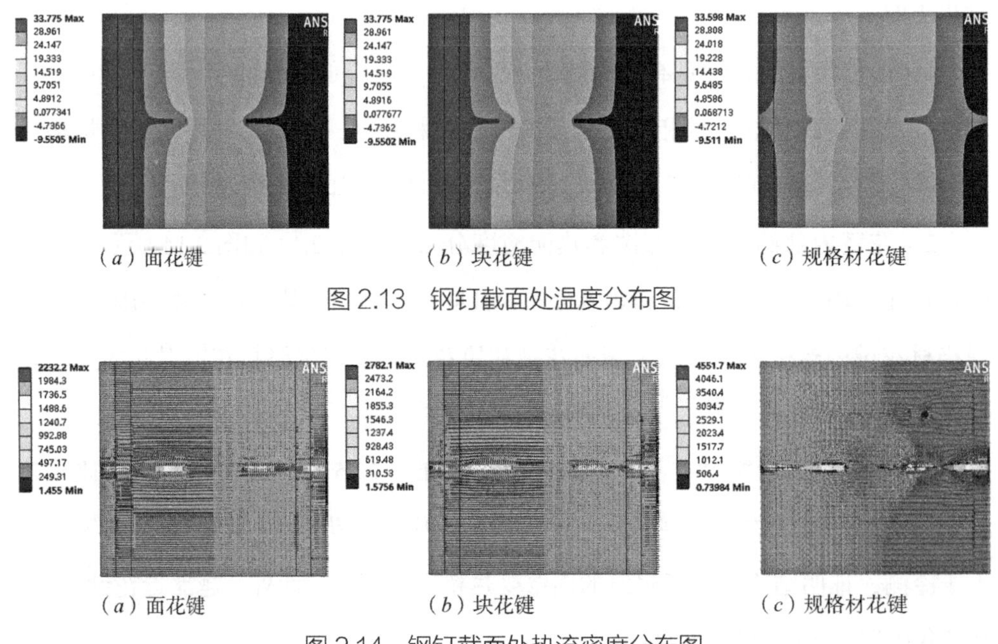

（*a*）面花键　　（*b*）块花键　　（*c*）规格材花键

图 2.13　钢钉截面处温度分布图

（*a*）面花键　　（*b*）块花键　　（*c*）规格材花键

图 2.14　钢钉截面处热流密度分布图

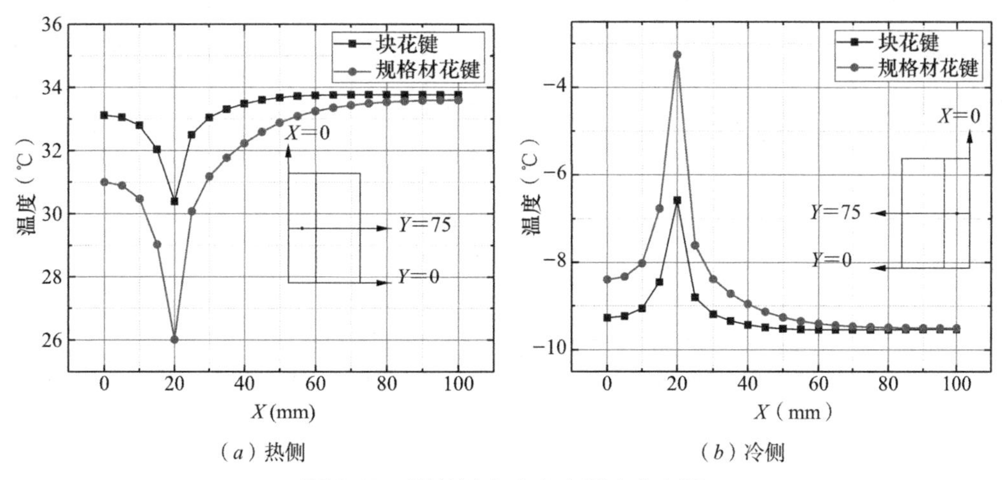

图 2.15 沿花键宽度方向温度分布图

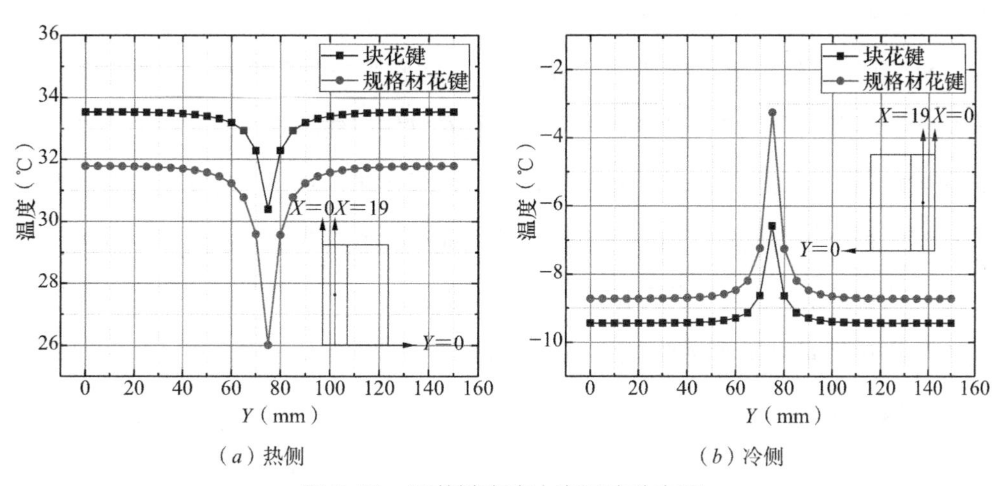

图 2.16 沿花键高度方向温度分布图

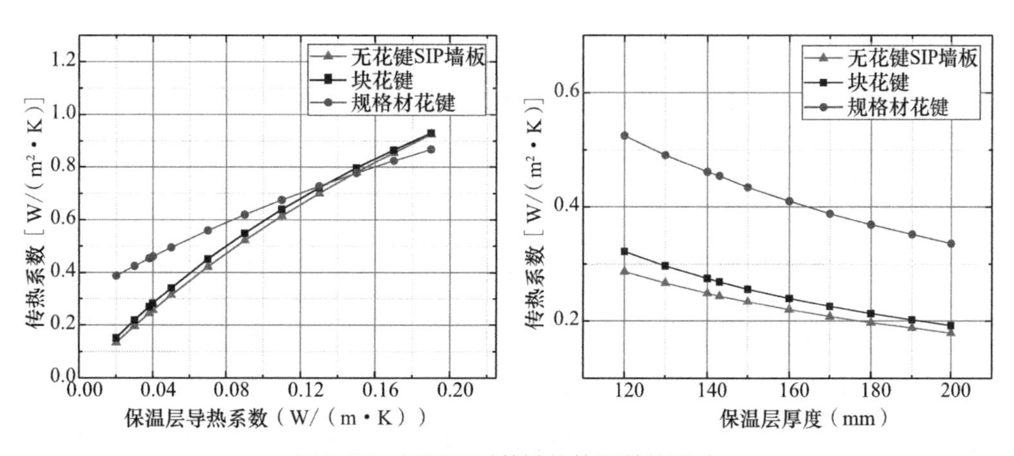

图 2.17 保温层对花键传热系数的影响

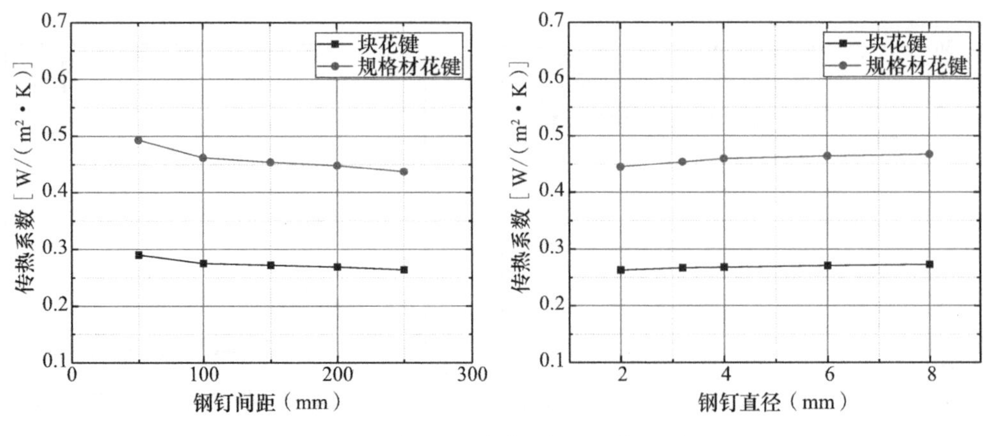

图 2.18　钢钉对花键传热系数的影响

当计算整面墙时，结构保温板的保温隔热优势更加明显，因为外墙周边的热桥部位有限，主体部位占了整面墙板的绝大部分面积。

SIP 建筑的建设成本较高，但 SIP 建筑在运营阶段是节能的，从而降低了运营成本。笔者以夏热冬冷的陕西关中平原新农村住宅建筑为研究对象，分别选取该区域内条件大致相同的砖混建筑和结构保温板建筑，对比分析其全生命周期单位建筑面积年平均成本，结构保温板建筑的成本降低率为 28.06%；对比分析其全生命周期碳排放，砖混建筑单位建筑面积碳排放量 $Q=953.77\text{kg/m}^2$，结构保温板建筑单位建筑面积碳排放 $Q=207.91\text{kg/m}^2$，可减少 78.2%。在国外，与美国传统的木结构建筑相比，结构保温板建筑每年可以节省 17%～85% 的采暖能源。智利学者对建筑每个阶段所使用的能源进行了量化，发现与智利常见的砖石建筑相比，结构保温板建筑节省了近 60% 的能源需求。还有学者使用净现值技术来量化结构保温板建筑的生命周期成本。结果表明，在 50 年的分析周期内，结构保温板建筑的全寿命周期成本比混凝土砌块建筑低 11.7%。

2.4.5　居住舒适度

结构保温板建筑作为木结构建筑的一种，其居住舒适度备受开发商与置业者的关注。建筑的舒适度包含结构舒适度、热舒适度和隔声等方面。结构保温板在国内一般用于低层建筑，其结构舒适度主要体现在楼板的振动舒适度。

研究团队对 5 块足尺比例的结构保温板楼板和 2 块轻型木结构楼板开展主管评测试验（行走激励）、静力荷载试验（包含均布荷载和均布荷载）、动力特性试验（包含环境激励、脚后跟激励和锤击激励）与动力响应试验（包含沿楼板跨度方向行走、沿垂直于楼板跨度方向行走和沿楼板对角线方向行走），分析了花键类型、花键高度、激励方式、有无活荷载等因素对装配式结构保温板楼板的刚度、自振频率以及加速度的影响，探究人体自重、行走路线对楼板振动加速度峰值的影响规律；采用有限元软件进行试验试件的有限元模拟，研究楼板花键高度和楼板跨度对结构保温板楼板的振动性能的影响，并对其振动舒适度性能进行评价。主要结论如下：

1）在1.0kN集中力作用下，5块足尺比例的装配式结构保温板楼板的最大挠度为1.02mm，均满足澳大利亚规范Domestic Metal Framing Code（AS 3623）规定的最大挠度不得大于2mm的要求；在1.0kN/m^{2}均布荷载作用下，5块足尺比例的装配式结构保温板楼板的跨中位置最大变形量是3.96mm，都未超过《组合结构设计规范》JGJ 138—2016设定的楼板最大变形量为$L/400$（9mm）的限值，见表2.2。

不同工况下楼板的挠度值（单位：mm）　　表2.2

试件类型	花键类型	花键厚度	1.0kN 集中荷载	1.0kN/m^2 均布荷载
结构保温板	块花键	235	1.00	3.96
	单板层积材花键	235	0.48	1.62
	规格材花键	185	1.02	2.89
	规格材花键	235	0.80	1.98
	规格材花键	286	0.55	1.70
轻型木结构	—	185	2.31	3.76
	—	235	1.94	3.47

2）单板层积材作为装配式结构保温板楼板的连接花键性能最好，主要原因是单板层积材的刚度最好，致使自振频率最高。裸板工况下，块花键、单板层积材花键和规格材花键楼板的一阶固有频率都大于17Hz（图2.19），符合澳大利亚规范Domestic Metal Framing Code（AS 3623）规定的轻型楼盖结构一阶固有频率大于8Hz的限值。

3）当花键（或搁栅）厚度相同时，以单板层积材为连接花键的楼板振动性能最好，规格材花键次之，传统轻型木结构楼板第三，块花键最差。在装配式结构保温板建筑的实际工程中，以单板层积材和规格材为连接花键均可满足设计要求，但从经济性角度出发，在保证满足设计要求的前提下，优先考虑规格材花键。

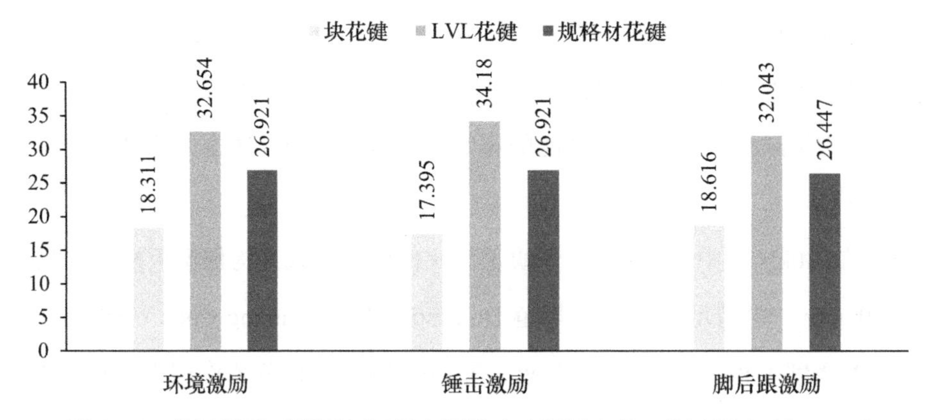

图 2.19　花键类型对楼板自振频率的影响（裸板工况，花键厚度 235mm）

4）当花键类型不变时，增加花键（或搁栅）厚度可提高楼板的自振频率（图 2.20），减小楼板的挠度变形和振动峰值加速度；行走路线对楼板加速度无影响，但随着人自重的增加，楼板加速度峰值增大。

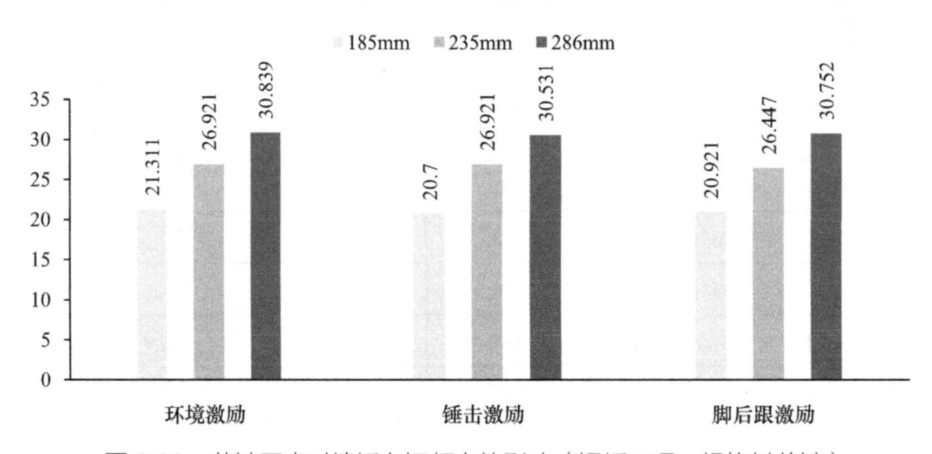

图 2.20　花键厚度对楼板自振频率的影响（裸板工况，规格材花键）

5）花键厚度对结构保温板楼板的振动性能影响较小。随着花键厚度的增加，装配式结构保温板楼板刚度增大、自重增大、挠度减小、自振频率增大。从经济性角度出发，在实际工程中花键高度应予以限制。

6）楼板跨度对装配式结构保温板楼板振动性能影响较大。随着楼板跨度的增加，装配式结构保温板楼板刚度减小、挠度减小、自振频率降低。在实际工程中，当楼板跨度超过 4880mm 时，应通过合理增加花键高度和加强边界约束，从而达到使用要求。

针对结构保温板建筑的热舒适度，有学者于2013年1月至2月通过物理量测量、热舒适度现场调查和建筑能耗模拟等方式，以英格兰东南部一个社区的不同单元为研究对象，研究了使用结构保温板建造的建筑物的冬季性能和冷应力。研究对象所处地区位于欧洲西部的中高纬度地区，冬天寒冷，夏天温暖潮湿。该研究的物理量测量包含用传感器测量室内温度、露点和相对湿度，现场调查采用的方法主要是问卷调查，辅以访谈、讨论和观察，以及利用收集到的数据使用建筑能耗动态模拟软件Design Builder进行模拟分析。

物理量测量结果显示，在调查期间监测的空间中，室内平均温度变化范围为17.0～19.6℃。在生活区，上午8点到晚上10点的平均温度在18.5～20.2℃之间变化，最温暖的生活区在上午8点到晚上10点的最高温度为22.7℃，同期最低温度为12.7℃。分析表明，在调查期间监测的生活区室内温度在任何时候都没有超过25.0℃（热舒适度阈值）。同样，对所有被测量的卧室来说，晚上11点到早上7点之间的平均温度范围在16.5～19.3℃，最温暖的卧室最高温度为22.8℃，最低温度为17.7℃。调查中测量的卧室内部温度在整个测量过程中没有超过24.0℃（热舒适度阈值）。现场调查结果显示，结构保温板建筑在冬季的表现要好于夏季，而冬季的居住者则感觉舒适。87%的受访者表示结构保温板建筑的热舒适度感觉范围是从略微凉爽到略微温暖，而84%的热反应没有变化。在热接受性方面，93%的受访者表示热环境适合他们。以上研究结果表明，结构保温板在冬季有着良好的热舒适度。但是分析也表明，建筑内的住户可能会受到轻微的冷应力，这可能和当地的供暖方式有关，需要采取进一步的相应措施，以减少住户日后在冬季的寒冷感。

2.4.6　新型装配式结构对比

为了促进建筑节能和建筑工业化，近年来建筑业推行了一些新型结构体系并取得长足发展。本节对目前应用比较广泛、与结构保温板类似的结构保温一体化建筑体系进行介绍与分析，并与结构保温板建筑体系进行对比。

（1）装配式冷弯薄壁型钢结构

装配式冷弯薄壁型钢结构体系是由木结构演变而来的一种轻型钢结构体系。北美、澳大利亚以及日本的冷弯薄壁型钢住宅多为2～3层独栋、联排住宅。我国的冷弯薄壁型钢结构在20世纪80年代自日本和澳大利亚引进，一般应用于3层或3层以下住宅。冷弯薄壁型钢结构适用面较广，不仅适于城市低层和多层建筑，也适用于量大面广的村镇低层和多层建筑，对于推进城乡建筑工业化、实施绿色农房发展战略具有重要价值。

冷弯薄壁型钢结构体系主要由墙体、楼盖、屋盖及围护结构组成。其中楼盖结构由间距400mm或600mm的楼盖梁、楼面板和吊顶组成，在楼盖梁的端头套有边梁。墙体结构由间距400mm或600mm的墙架柱、双面结构板材或装饰石膏板、拉条等组成，墙架柱的两端套有底梁或顶梁。屋盖结构由屋架、屋面板、吊顶组成。外墙的墙板和楼面板通常采用经过防水和防腐处理的定向刨花板（即OSB板）或胶合板，也可以采用水泥纤维板或水泥木屑板等结构板材。外墙的内侧墙板、内墙墙板和吊顶的板材通常采用防火石膏板，厨房与卫生间采用防水石膏板或其他防水、防火板材。一般在墙架柱和楼盖与屋盖隔栅的空腔内填充玻璃纤维保温棉，喷射液体发泡材料或在外墙贴外保温隔热板材（如聚氨酯板、岩棉板、挤塑板），具有良好的保温隔热、隔声效果。

冷弯薄壁型钢结构构件的连接紧固件包括螺钉、普通钉子、射钉、拉铆钉、螺栓和扣件等。受力构件和板材常用自钻自攻螺钉或自攻螺钉连接，常用的螺钉规格只需3～5种，螺钉的施工采用专用工具。在结构的次要部位，可采用射钉、拉铆钉或扣件等紧固件，扣件连接还用于形成组合截面。底层楼盖或墙体通过锚栓与砌体基础或混凝土基础连接，普通钉子用于构件与木地梁的连接。

由此可见，冷弯薄壁型钢结构体系实际上是一种复合板结构体系。冷弯薄壁型钢结构体系以轻钢龙骨为主要承重构件，其墙体既是结构的主要竖向承重构件，也是抗侧力构件。冷弯薄壁型钢与墙体面板通过自攻螺钉连接，墙体面板制约轻钢龙骨受压失稳，这种复合板结构面内刚度较大，能很好地承受竖向荷载作用和地震、风等水平荷载的作用。

从冷弯薄壁型钢结构体系的组成和构造可以看出，其具有以下特点：

1）节能。冷弯薄壁型钢结构体系方便敷设内外保温材料，有很好的保温隔热性能和隔声效果，符合国家建筑节能标准，并增加住宅居住的舒适性；热工管道铺设在节能墙体中，可减少热能损失。

2）环保。冷弯薄壁型钢结构体系采用新型建筑材料，防腐蚀、防霉变、防虫蛀、不助燃；施工时噪声、粉尘、垃圾和湿作业少；钢材可全部再生利用，其他配套材料大部分可回收，减少了结构拆除后的环境污染。

3）结构自重轻。冷弯薄壁型钢结构的自重仅为钢筋混凝土框架结构的1/4～1/3，砖混结构的1/5～1/4。由于自重减轻，基础处理简单，尤其适用于地质条件较差的地区；结构地震反应小，适用于地震多发区。

4）有利于住宅产业化。冷弯薄壁型钢结构体系的构配件在工厂标准化、定型化、社会化生产，运输、安装方便，受气候影响小，施工速度快。

冷弯薄壁型钢结构体系由木结构演化而来，在适用范围、构件连接、内外装饰、防水防潮等方面和结构保温板建筑体系有很多相似之处。较之结构保温板建筑体系，冷弯薄壁型钢结构体系具有不怕白蚁等生物侵害的优点，与相同规模的木结构住宅相比，在美国其保险费率约低40%。但冷弯薄壁型钢结构体系有防腐、防火性能差的缺点，因此防护费用高；受国内外政策、通货膨胀、原材料价格上涨、供需平衡等因素影响，钢材价格起伏较大，建造费用存在很大不确定性。此外，冷弯薄壁型钢结构体系仍要使用大量的钢材，在碳达峰、碳中和的总体目标下，钢铁行业作为碳排放较多的行业开始减碳行动，国家层面部署了钢铁去产能回头看、粗钢产量压减等政策，结构保温板建筑则有着得天独厚的优势。

近年来，厚度小于1mm、强度为G550的高强冷弯薄壁型钢因其高强、节材、轻质等性能，在建筑行业得到越来越多的应用。高强冷弯薄壁型钢因其强度大、厚度薄、延性差等特点，其力学性能和破坏模式与传统的Q235、Q345冷弯薄壁型钢有较大区别，拥有良好的抗震性能，抗震设防烈度7级以下的建筑物可以不必进行抗震验算，同时更加节省钢材。在未来将高强冷弯薄壁型钢和结构保温板作为钢木组合结构进行应用，可以扬长避短，增大建筑层数和跨度，进一步拓展两者的应用范围。

（2）预制混凝土夹芯墙

保温墙板的形式主要分为内保温、外保温及夹芯保温3种，其主要区别在于保温板在墙体中的位置不同。夹芯保温墙体不仅可以发挥墙体自身对保温材料的保护作用，而且具备较好的耐火和耐腐蚀性能，正逐步发展成为保温墙板的主流形式。20世纪20年代，美国开始在工程中应用预制混凝土夹芯墙，直至70年代，预制混凝土建筑体系得到了持续的发展和改进，相继出台了一系列规范，如美国预应力混凝土协会（PCI）撰写的《Architectural Precast Concrete》和《Guide for Precast Concrete Wall Panels》。西欧、北欧、日本等发达国家对预制混凝土夹芯保温外墙体系也展开了一系列的研究及应用，现已形成了完善的框架配合夹心墙的建筑体系。我国从 20 世纪 90 年代开始引进预制混凝土夹芯墙，开展了一系列科研工作。随着建筑节能和住宅产业化政策的实施，预制混凝土夹芯墙在国内得到推广和应用。

预制混凝土夹芯墙的主要组成部分为内叶混凝土板、外叶混凝土板、保温层及连接件，是一种集承重、保温、维护或装饰为一体的新型墙体。根据夹芯墙体中内、外叶板受力条件下相互作用程度的大小，可以分为完全组合式墙体、部分组合式墙体、非组合式墙体。完全组合式墙体是指内外层混凝土墙板作为整体，共同承担上部的荷载。非组合式墙体是指内外层混凝土墙板独立工作，墙体之间不能传递剪力的墙体形式。部分组合式墙体是介于组合式墙体与非组合式墙体之间的形式，但连接件只能传递墙体内的一部分剪力。

在混凝土夹芯墙中，连接件除连接内、外叶混凝土板和保温层外，其主要作用是承受两片混凝土板之间的剪力，而且连接件抗剪性能的优良直接决定着整个夹心保温墙体的性能。为了避免预制混凝土夹芯墙中连接件和墙体连接部位发生冷热桥效应，连接件需要具有较低的导热系数，从而提高墙体的保温性能；且连接件需要具备较好的耐腐蚀性，以保证其在呈碱性环境的混凝土中具有更好的耐久性；连接件的热膨胀系数需要与两侧的墙体相近，以保证在墙板服役期间可以减少连接件与内外叶墙板之间的相对滑动。按照材料的不同，夹心墙中的连接件分为金属材料连接件、合金材料连接件和以纤维材料为代表的非金属连接件。金属材料连接件的造价相对较低，但是导热系数高，墙体中容易产生热桥。合金材料连接件的耐腐蚀性较好、耐久性高，纤维材料连接件导热系数低、强度较高，但两者成本相对较高。

预制混凝土夹芯墙的连接技术按施工方法可以分为湿式连接和干式连接。湿式连接是在两个预制构件之间通过浇筑混凝土或灌注灌浆料来进行连接，在我国应用较为普遍，传统的湿连接技术采用大规模后浇技术，工艺复杂，传力机制不够明确，因此，越来越多的国内外学者对干式连接技术进行了研究。干式连接则是通过在预制构件内植入钢筋套筒或预埋件，通过套筒灌浆、螺栓或焊接等进行连接的方式。干式连接具有精度高、施工周期短、节点震后受损易修复、便于偏远地区安装等优点，是未来装配式连接技术的发展趋势。

预制混凝土夹芯墙具有以下特点：

1）住宅产业化。预制混凝土夹芯墙可以提前在工厂预制，进行标准化、模块化生产，现场施工简单，施工周期短。

2）结构、保温、装饰一体化。通过在两层混凝土板间内置保温层，预制混凝土夹芯墙兼具有承重、保温功能外，经过特殊处理后，其装饰饰面可以在工厂预制，省去了现场施工工序。

3）保温层防火及耐久性能提高。同内保温和外保温墙体相比，预制混凝土夹芯墙保温层处于混凝土外叶板内侧，受到混凝土板保护，具有良好的防火及耐久性能。但保温层与混凝土材料密度相差过大，材质间的弹性模量和线性膨胀系数也不相同，在温度应力作用下的变形也不同，易产生面层裂缝。

4）整体性能好。预制混凝土夹芯墙与混凝土框架协同工作，形成空间抗侧力体系，房屋的整体刚度好，具有良好的抗震性能。

预制混凝土夹芯墙和结构保温板同属结构保温一体化墙体材料。混凝土夹芯墙面板材料导热系数较大，相关研究表明，同等保温层厚度情况下，夹芯墙的传热系数比结构保温板大70%以上。若混凝土夹芯墙使用金属连接件，中部的连接件处理不好会形成大量的热桥，影响墙体保温隔热性能。混凝土夹芯墙使用碳排放量较高的混凝土材料，施工环节仍存在一部分湿作业，和结构保温板体系相比，在材料生产、现场施工等环节的碳排放高，存在一定程度环境污染。对比之下，结构保温板具有保温效果好、低碳排放、绿色环保等优势。

2.5 结构保温板建筑设计要求

2.5.1 必须提供的设计信息

为了确保批准的施工图纸中包含所有的正确元素，结构保温板的施工图纸必须由经过认证的专业人员根据确认过的施工图纸进行二次深化设计，应尽可能多地提供与工程图纸相关的信息，但不仅限于下列信息：

1）尺寸完整的平面图；

2）完整的楼层和天花板标高；

3）显示尺寸和连接的建筑剖面图；

4）有开口尺寸和窗台高度的门窗详图；

5）基础的细部尺寸详图；

6）工程结构设计要求和计算。

2.5.2 荷载要求

（1）设计荷载

由结构保温板板承受的设计荷载应低于适用的建筑规范。

（2）允许荷载

允许的轴向、横向及横向扭变荷载应符合相应的规范要求。

（3）集中荷载

轴向载荷应通过重复构建将负载分配给结构保温板。

（4）面内剪切设计

剪力墙面内剪切力应满足风荷载和地震作用等要求。结构保温板最大高度与宽度的比例应为 2 ：1。

2.5.3 重点控制部位的设计要求

（1）开口部位

在板材上的开口部位应该用工程木板或钢板加强。在进行二次深化设计时，开口位置的设计板间距应简化结构保温板安装，如门通常在未加工开口的另一侧用完整的木块去支撑结构保温板的高度，所以要让开口紧邻结构保温板板材，如图 2.21 所示。

（2）切割和开槽

除非图纸上有显示，否则不能进行现场切割或开槽布线。

（3）防潮保护

外墙基础上的结构保温板不应该设置在外露泥土高度 200mm 内。与地面直接接触的混凝土或者砖石支撑的结构保温板应设置防潮保护。

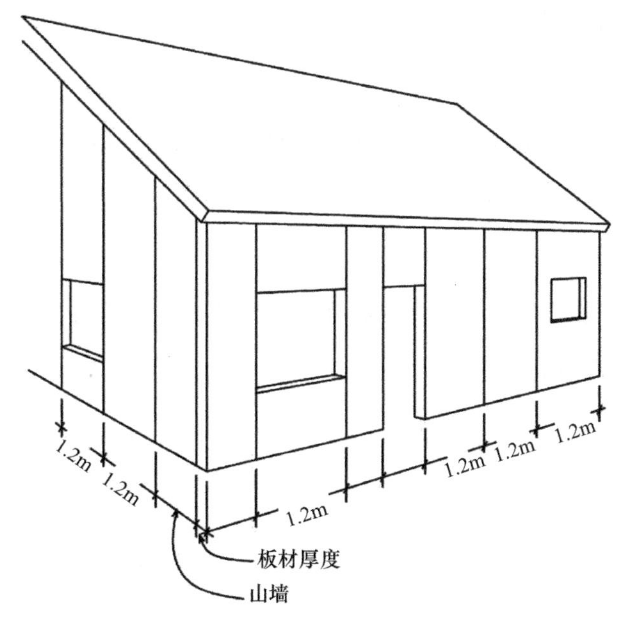

图 2.21　结构保温板开口的使用

（4）防止白蚁破坏

存在白蚁破坏的地区，面板不应该安装在地面以下或者与地面直接接触，并采取防止白蚁侵袭措施。

（5）产生热量的装置

有热量产生或释放的装置不应设置在板材上，但这种限制并不适用于采取合适的保护方法来保护产热装置的情况。

（6）水暖安装

供水和排水管线可成直角沿墙板穿过，但是不允许垂直于芯材。除非经过权威部门批准或确认，否则管线不应该中断花键或者面板。

（7）空隙和孔

孔洞可以选择在工厂预留或者现场使用工具制作。孔洞大小应限制在 100mm×100mm 的范围内。垂直于面板方向的孔中心的最小距离不得少于 1200mm，平行于面板方向的孔中心距离不得小于 600mm。在平行于板跨度方向上，同一直线上不能超过 3 个孔洞。

（8）面板覆层

1）屋顶覆盖

垫层和防水层应该与适用的规范相符。所有的屋顶材料应该按照制造商的安装说明进行安装。屋顶有散热功能的应该由经过认可的专业设计人员审查和批准。

2）外墙覆盖

墙板需要在外部设置防水，防水应该采用批准合格的材料，按照建筑规范设置。

3）内墙覆盖

结构保温板的泡沫塑料芯材应该设置符合保温等级要求的石膏板作为内墙覆盖，并与建筑物的内部隔开。

第3章

施工总则

结构保温板建筑施工技术应做到安全适用、技术先进、经济合理、确保质量，保护环境。结构保温板建筑属于轻型木结构建筑，与其施工有关的标准规范有：

《木结构通用规范》GB 55005；

《木结构设计标准》GB 50005；

《装配式木结构建筑技术标准》GB/T 51233；

《木结构工程施工规范》GB/T 50772；

《木结构工程施工质量验收规范》GB 50206。

结构保温板建筑施工涉及砌体、混凝土、钢结构、地下防水工程及防火、抗震等有关内容时，还应符合有关设计、施工、验收规范的规定。

3.1 材料

本书中结构保温板建筑中的主要建筑材料指的是以定向刨花板（OSB）为面板、模塑聚苯乙烯泡沫塑料（EPS）为芯材的结构保温板，本节对面板、芯材及结构保温板的材料要求进行简单介绍。

3.1.1 面板

为满足承载力要求，定向刨花板面板的厚度不应小于11mm，密度不应小于560kg/m^3，其他基本性能应符合现行行业标准《定向刨花板》LY/T 1580 的规定。定向刨花板的力学性能、膨胀性能和耐水性应符合现行行业规范《定向刨花板》LY/T 1580 中关于OSB/3 类的规定。

定向刨花板的结构性能、握钉力、胶合性能应符合现行行业标准《轻型木结构建筑覆面板用定向刨花板》LY/T 2389 的规定。

3.1.2 芯材

模塑聚苯乙烯泡沫塑料应满足现行国家标准《绝热用模塑聚苯乙烯泡沫塑料》GB/T 10801.1 中对第Ⅱ或第Ⅲ类聚苯乙烯泡沫塑料的相关要求，且应为阻燃型产品。模塑聚苯乙烯芯材密度不应小于20kg/m^3；导热系数不应大于0.038W/（m·K）。

模塑聚苯乙烯芯材厚度不应小于90mm，燃烧性能应符合现行国家标准《建筑材料及制品燃烧性能分级》GB 8624 的规定，且不应低于 B1 级。

3.1.3　结构保温板

结构保温板建筑施工现场的板材构件状态分为完全预制好的板材、未切割的生板以及介于以上两种状态之间的板材（需要现场进行二次加工）三种。结构保温板各组成部分应具有物理、化学稳定性，且所有组成材料应彼此相容且具有防腐性。结构保温板外观应符合表 3.1 的规定。结构保温板面板和芯材的尺寸与允许偏差要求除满足各自材料的相关标准外，整体应满足表 3.2 的要求。

结构保温板之间用花键进行连接，常用形式有面花键、块花键、单板层积材花键和规格材花键（详见 6.3 节）。其中，面花键、块花键宜与结构保温板材料一致；规格材花键应采用细密、直纹、无节和无其他缺陷的耐腐硬质阔叶材；单板层积材花键应符合现行国家标准《单板层积材》GB/T 20241 中结构用单板层积材的相关规定。

结构保温板外观要求　　表 3.1

项目	要求
板面泛霜	不允许
面材脱落	不允许
面材和夹芯层处有裂缝	不允许
板的横向、纵向、厚度方向贯通裂缝	不允许
板面裂缝（长度 50～100mm，宽度 0.5～1mm）	≤ 2 处 / 板
缺棱掉角（宽度 × 长度：10mm×25mm～20mm×30mm）	≤ 2 处 / 板

外形尺寸与允许偏差　　表 3.2

项目	尺寸（mm）	允许偏差（mm）
长度	≤ 3000	±5
	＞ 3000	±8
宽度	≤ 600	±3
	＞ 600	±5
厚度	100～200	±0.8
	＞ 200	±1

续表

项目	尺寸（mm）	允许偏差（mm）
厚度不均匀度 /%		≤ 6
边缘直线度	＜ 1200	≤ 2
	≥ 1200	≤ 3
边缘垂直度		≤ 3
对角线差	长度≤ 3000	≤ 4
	长度＞ 3000	≤ 6

除此外，结构保温板建筑所采用木构件的力学性能指标、材质要求、材质等级和含水率等指标要求应满足现行国家标准《木结构设计标准》GB 50005、《胶合木结构技术规范》GB/T 50708 和《结构用集成材》GB/T 26899 等相关规范的要求。防腐木材应采用天然抗白蚁木材、经防腐处理的木材或天然耐久木材。防腐木材和防腐剂应符合现行国家标准《木材防腐剂》GB/T 27654、《防腐木材的使用分类和要求》GB/T 27651、《防腐木材工程应用技术规范》GB 50828 和《木结构工程施工质量验收规范》GB 50206 的规定。

结构保温板及所用构件的燃烧性能和耐火极限应符合现行国家标准《建筑材料及制品燃烧性能分级》GB 8624 和《建筑设计防火规范》GB 50016 的规定。结构保温板建筑所使用的防火产品应符合现行国家标准《木结构设计标准》GB 50005、《防火封堵材料》GB 23864 和《建筑用阻燃密封胶》GB/T 24267 的规定。

3.2 吊装

3.2.1 吊装方式

结构保温板建筑施工过程中，当结构保温板厚度和尺寸较小时，可采用人力方式运输和安装构件，通常可以人工搬运的结构保温板构件最大尺寸为1220mm×3660mm。当结构保温板构件较大时（最大可达到 2440mm×7320mm），需要使用机械方式吊装。结构保温板构件常用的吊装方式有起重板吊装和吊装带吊装两种方式。

（1）起重板吊装

起重板是一块焊接有吊装环的钢板，如图 3.1 所示。钢板的尺寸通常为 300mm×200mm×10mm，吊装环的直径为 75～100mm。钢板上按照设计要求预制有直径为 6mm 的螺纹孔。当时起重板吊装结构保温板时，使用特制的、可重复使用的螺钉将至少 2 块起重板固定在结构保温板面板上。当结构保温板尺寸大于 2440mm×4880mm 时，应至少固定 3 块起重板。

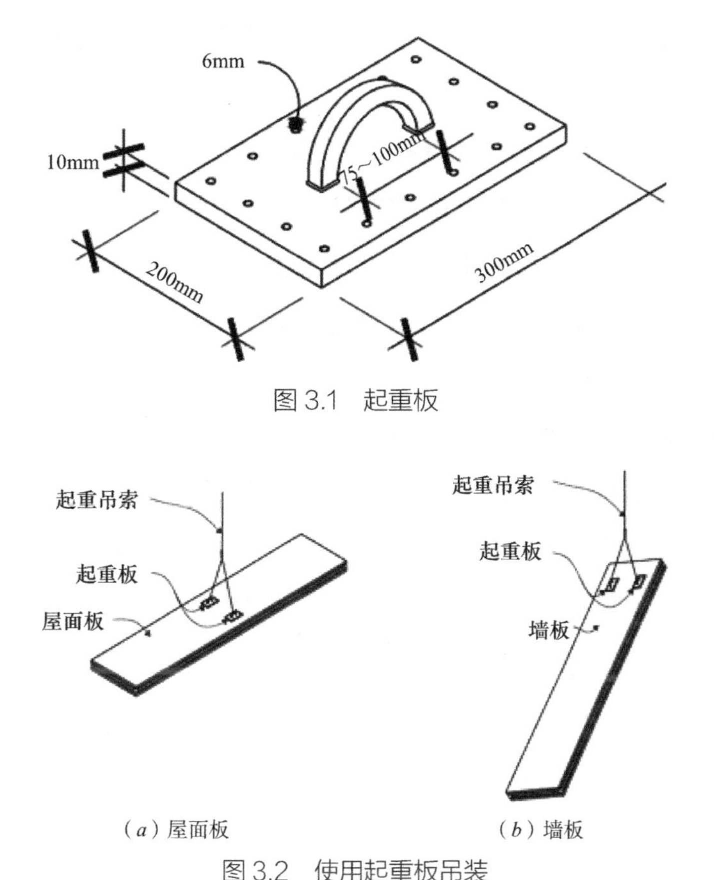

图 3.1　起重板

（a）屋面板　（b）墙板

图 3.2　使用起重板吊装

吊装屋面板时，将起重板安装在屋面板的重心位置；吊装墙板时，将起重板安装在墙板的端部，如图 3.2 所示。用吊车将屋面板（墙板）吊装至安装位置后，操作吊车以调整屋面板（墙板）角度，随后将屋面板（墙板）最终固定，最后将起重板卸下重复使用。在一块板吊装时，工作人员可将起重板安装在其他即将吊装的板上，以保证施工效率。

（2）吊装带吊装

吊装带吊装也是一种常用的结构保温板吊装方式，即使用吊装带将板材初步固定后，操作吊车吊装至安装位置。结构保温板使用吊装带吊装时，宜采用尼龙吊带或其他柔性材料，以免损坏面板边缘。使用吊装带吊装时要特别注意固定好吊装带，防止吊装带在板材边缘滑动，这种吊装方式对工作人员的熟练程度有较高要求。吊装带在某些情况下会影响板材的安装及固定，尤其是屋面板的安装。

3.2.2 吊装规定

吊装前应根据施工现场的实际情况布置起重机的位置，所有的安装工作可以通过一个起重机位置完成是最佳选择。

吊装使用的吊具应按国家现行有关标准的规定进行设计、验算或试验检验。经现场组装后的安装单元（如用花键连接的墙板）的吊装，吊点应按安装单元的结构特征确定，并应经试吊证明符合刚度及安装要求后方可开始吊装；刚度较差的构件应按提升时的受力情况采用附加构件进行加固。

组件吊装就位过程中，应监测组件的吊装状态，当吊装出现偏差时，应立即停止吊装并调整偏差。构件吊装就位时，应使其拼装部位对准预设部位垂直落下，并应校正组件安装位置并紧固连接。吊装水平构件时，应采取保证其平面外稳定的措施，安装就位后，应设置防止发生失稳或倾覆的临时支撑。

杆式组件吊装宜采用两点吊装，长度较大的组件可采取多点吊装；细长组件应复核吊装过程中的变形及平面外稳定；楼板、屋面板应采用多点吊装，构件上应设有明显的吊点标志。吊装过程应平稳，安装时应设置必要的临时支撑。

结构保温板建筑施工过程中要注意以下几点：

1）吊装工人和安装工人应提前沟通好提升和放置板材时使用的手势以确保施工安全；

2）使用的吊具不能损坏结构保温板的面板边缘；

3）使用标记线来控制板材的移动；

4）在有风的情况下不能起吊结构保温板。

3.3 紧固件

紧固件是结构保温板建筑中的结构连接件。结构保温板建筑中常用的紧固件有结构保温板钉和普通钢钉，如图 3.3 所示。不同紧固件的特征及用途见表 3.3。

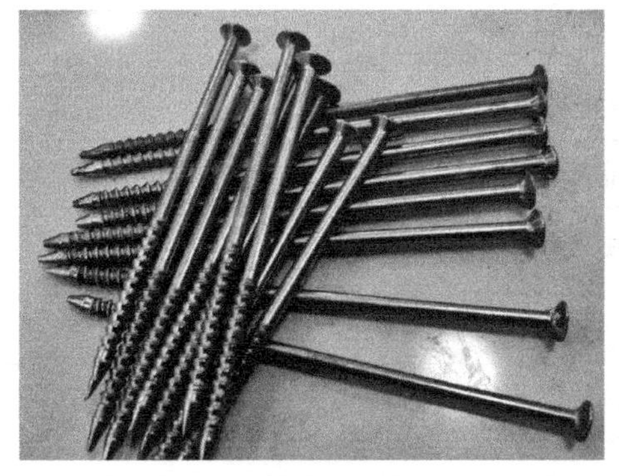

（*a*）结构保温板钉

（*b*）钢钉

图 3.3 紧固件

紧固件类型 表 3.3

名称	特征	用途
结构保温板钉	底部有特殊螺纹	穿透结构保温板，嵌入规格材的长度不少于 50mm
普通钢钉	—	木材与木材的连接

结构保温板钉和钢钉的常用规格见表 3.4 和表 3.5。结构保温板建筑中的标准连接见表 3.6。

结构保温板钉常用规格 表 3.4

芯材厚度（mm）	板材厚度（mm）	长度（mm）	直径（mm）
92	114	150	螺纹直径宜为 7，螺杆直径宜为 5，螺母直径宜为 16
143	165	200	
187	209	250	
238	260	300	
289	311	350	

钢钉常用规格 表 3.5

型号	长度（mm）	直径（mm）
60 号	60	3.2
80 号	80	4.2
100 号	100	5.0

需要注意的是，与经过防腐处理的木材直接接触的紧固件应采取相应的防腐措施。

标准连接表 表 3.6

连接材料	典型情况	标准连接
结构保温板与规格材	① 楼板与墙板连接； ② 屋面板与墙板连接； ③ 墙体转角连接	结构保温板钉 /@300
OSB 面板与规格材	① 底梁板与墙板连接； ② 构件边缘的封边板	钢钉 /60 号 @150
花键与 OSB 面板	① 墙板连接； ② 屋面板连接	钢钉 /60 号 @150
规格材与规格材	① 规格材花键； ② 地梁板与底梁板连接； ③ 盖板与顶梁板连接	钢钉 /80 号 @300

3.4 密封

由于结构保温板建筑几乎全部由墙板、楼板、屋面板经紧固件连接而成，当室内空气中温暖的水分接触到构件接缝处的冷空气时就会凝结，长期的水分聚集会导致结构保温板木质面板的霉变，使建筑耐久性下降，所以施工过程中的密封对于保证建筑良好气密性和热工性能十分重要，门窗、墙角、屋脊等处都应加强密封。密封材料可以用于紧密连接和密封相邻的构件，以避免由于空气和水分的作用导致的水汽聚集对木质材料的损坏。密封材料中甲醛含量应符合现行国家标准《室内装饰装修材料　人造板及其制品中甲醛释放限量》GB 18580 中 E1 级的有关规定。结构保温板建筑中常用的密封材料有板材胶粘剂、膨胀泡沫密封剂和 SIP 密封带。不同密封材料的特征及用途见表 3.7。

板材胶粘剂使用与 EPS 芯材兼容的材料，与 EPS 芯材接触后不会融化泡沫，导致降低结构保温板构件的热工性能。板材胶粘剂有极强的粘接力，在结构保温板中既可起连接固定的作用，也可以起到密封的作用。施工中常用在花键连接处、规格材与芯材连接处。施工过程中如果使用普通的建筑胶粘剂，应避免与 EPS 芯材接触。

不同密封剂特征及用途　　表3.7

名称	特征	用途
板材胶粘剂	以聚氨酯（PU）为主要成分，施胶后微膨胀，与EPS芯材兼容	木材与木材连接、木材与泡沫连接、泡沫与泡沫连接
膨胀泡沫密封剂	以聚氨酯（PU）为主要成分，施胶后较大幅度膨胀，隔热性能好	较大缝隙、空腔处的密封，一般用于墙板和屋面板间
SIP密封带	硫化丁基橡胶胶粘剂，上覆铝箔面	屋面板之间的接缝处和屋面板与墙面板之间的连接处

膨胀泡沫密封剂中聚氨酯含量不同而膨胀程度不同，在施胶后由于发泡作用大幅度膨胀。大于3mm的缝隙宜采用膨胀泡沫密封剂进行填缝，且膨胀泡沫密封剂应符合现行行业标准《单组分聚氨酯泡沫填缝剂》JC 936的规定。在板材完成固定后，应在所有接缝处施加膨胀泡沫密封剂。对于相对较小的缝隙，使用低膨胀的膨胀泡沫密封剂沿缝隙施胶。对于墙板和屋面板间的较大空腔，施工中一般采用钻孔填充的方式施胶。用电钻沿空腔按照200mm的间距钻孔，将泡沫喷嘴插入每个钻孔处施胶，保证膨胀泡沫密封剂填满整个空腔。

SIP密封带宜使用0.8mm厚、100mm宽的铝箔面密封带，并符合相关规范的规定。SIP密封带应储存在室内环境，储存温度为15～26℃，保质期为12个月。粘贴SIP密封带时，应保证OSB面板表面干燥、干净，保证其良好的附着力，任何面板损坏必须在粘贴SIP密封带前进行修复。为了确保良好的密封，在粘贴SIP密封带时，应将其定位在接缝处的中心位置，并尽量减少气泡和皱纹。SIP密封带粘贴好后，必须使用滚筒或者类似的工具除去气泡和皱纹，同时用手按压，使SIP密封带牢固地贴合在OSB面板上。SIP密封带中断时，应保证留有76mm的搭接长度。SIP密封带的末端应延伸到相邻构件至少50mm。

此外，门窗密封胶条应符合现行国家标准《建筑门窗、幕墙用密封胶条》GB/T 24498的规定。门窗洞口的封边板应使用低膨胀泡沫密封剂，确保密封剂在整个门或窗上连续喷涂。

3.5　安装

结构保温板建筑的安装步骤如图3.4所示。所有材料进场后，应对照施工图纸对材料规格、数量进行检验。对于未加工的生板，板材的加工过程可放在施工现场进行，也可在施工现场之外完成。板材安装前，应对照板材拼接图对每一块板材的编号及尺寸进行检查。

构件安装采用临时支撑时，楼板等水平构件支撑不宜少于 2 道；墙板的支撑点距底部的距离不宜大于墙板高度的 2/3，且不应小于墙板高度的 1/2；临时支撑应设置可对板材的位置和垂直度进行调节的装置。

墙板等竖向构件安装应符合下列规定。底层构件安装前，应复核基层的标高，并应设置防潮垫或采取其他防潮措施；其他层墙板安装前，应复核已安装墙板的轴线位置、标高。墙板的安装应先调整标高、平面位置，再调整垂直度。墙板的标高、平面位置、垂直偏差应符合设计要求。

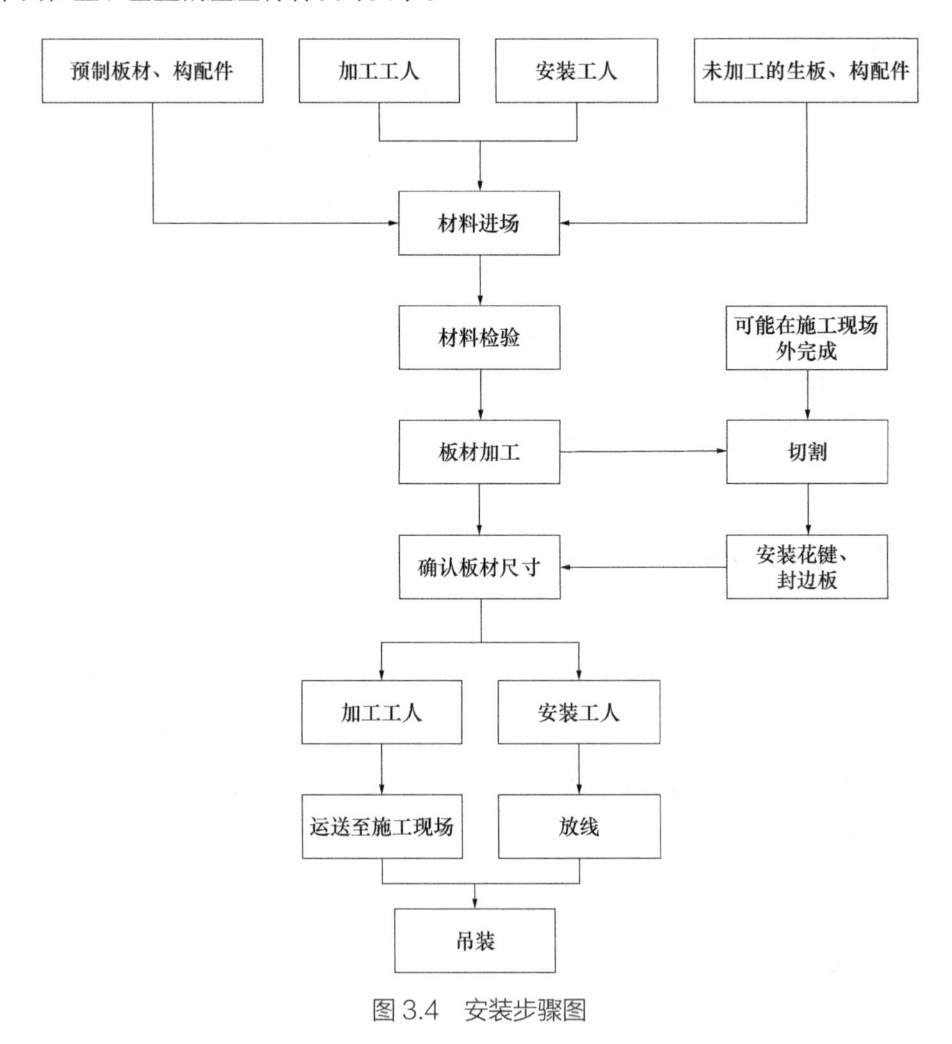

图 3.4　安装步骤图

楼板、屋面板等水平构件安装时应复核构件连接件的位置，与金属、砖、石、混凝土等的结合部位应采取防潮防腐措施。

3.6 安装允许误差及注意事项

3.6.1 安装允许误差

在任何安装开始之前，需要确保结构保温板的表面是水平和方正的。然而，在安装过程中一些变化可能会发生。应采取有效的措施消除建筑安装过程中的误差。结构保温板建筑安装过程中的允许误差如下：

1）结构保温板钉的间距为300mm；

2）结构保温板钉及其他连接件钉入规格材的最小长度为50mm；

3）不要过度钉入结构保温板钉，应与定向刨花板表面平齐；

4）结构保温板上的开口距离面板边缘不小于150mm；

5）结构保温板上边长大于300mm的开口需要用规格材封边；

6）当一块结构保温板安装在下层结构保温板上时，应检查下层结构保温板的表面是否水平和方正，最大的允许安装误差分别为3mm和6mm。

3.6.2 注意事项

1）施工前应仔细检查平面图及板材拼接图，仔细阅读所有项目计划，以了解面板布局和安装过程；

2）施工前确定将要使用的安装技术和方法。安装小组组长应与建造商、业主及/或建筑师商讨，确定厨房及浴室、电线、主要电力服务、水暖设备、烟囱、结构物、附属建筑物及任何其他与安装小组有关的施工阶段的细节；

3）确定墙板和屋面板开口的位置，确定是提前预制还是现场制作，在什么施工阶段完成这项工作；

4）使用具体项目的详细图纸进行安装；

5）根据项目需要，检查结构部件的施工图纸，比如各类紧固件；

6）在安装结构保温板之前，应检查板材尺寸是否与板材拼接图匹配，检查每个面板是否有正确的切口和凹槽；

7）检查并理解建筑的电气设计图，以及它对结构保温板安装的影响；

8）检查结构内部或周围的位置，在这些位置，材料直接与空气接触、蒸汽迁移或水的侵入可能会损坏结构保温板和其他结构部件，消除任何潜在的不必要的水分来源；

9）所有结构保温板连接处都应有花键或封边板；

10）仔细遵循结构保温板固定程序；

11）在允许的安装误差内施工；

12）确定在面板安装过程中需要考虑的特殊设计 / 施工条件；

13）对于未切割的面板，应按照板材拼接图上的规定切割面板上的斜面接头；

14）在开始安装屋面板之前，完成所有的墙板安装工作；

15）仔细按照说明书密封结构保温板之间的接缝；

16）保持面板胶粘剂和膨胀泡沫远离电线管孔；

17）只使用与 EPS 兼容的膨胀泡沫密封剂和板材胶粘剂；

18）将 SIP 密封带贴在所有屋顶板接缝处。

第4章

施工准备工作

4.1 施工图纸

施工图纸设计完成之后，由业主单位和施工单位选派经验丰富、熟悉流程的人员负责设计图与施工图的审阅工作。

对于施工图的审阅，应包含以下方面：

1）建筑物的建筑面积；

2）每一层的水平标高；

3）建筑物各部分的尺寸标注；

4）连接节点的细部图；

5）构件的编号、尺寸、安装位置、安装顺序；

6）窗台的高度与窗口设计的大小；

7）基础的设计应包含细节和尺寸；

8）如果图纸可用，应进行结构验算。

4.2 工具设备

（1）个人工具

① 工具袋；② 铁锤；③ 卷尺；④ 多用途刀；⑤ 撬杆；⑥ 起钉钳；⑦ 木凿；⑧ 铅垂；⑨ 锥子；⑩ 粉笔；⑪ 干燥的线绳；⑫ 水准仪；⑬ 手工锯；⑭ 可调扳手；⑮ 木工角尺；⑯ 直角规；⑰ 线路工钳；⑱ 木材蜡笔或铅笔。

（2）承包商提供的工具

① 电钻；② 无线钻；③ 钻头和钻孔机；④ 圆锯；⑤ 链锯；⑥ 往复锯；⑦ 各种锯片；⑧ 电源线；⑨ 大锤；⑩ 手提刮孔机；⑪ 空气压缩机；⑫ 气动钉或钉枪；⑬ 长钉和U形钉；⑭ 夹钳；⑮ 紧固器；⑯ 脚手架材料、铺板和梯子；⑰ 填缝枪；⑱ 测平镜。

（3）面板特定工具及配件

① 泡沫勺（在需要的地方制作凹槽）；② 便携电热切割器（用来切除大体积泡沫）；③ 链锯指南；④ 面板螺丝；⑤ 板材胶粘剂；⑥ 不同膨胀程度的膨胀泡沫密封

剂；⑦ SIP 密封带。

（4）安全措施和工具

① 书面应急保护措施；② 材料安全报告；③ 必须佩戴安全帽；④ 防护眼镜；⑤ 听力保护装备；⑥ 安全带；⑦ 其他个人安全防护设备如手套、长筒靴等。

4.3　构件运输

结构保温板可用汽车、火车、船舶或集装箱运输，汽车可以散装运输，其他运输工具应箱装或捆装运输。运输过程中，板应贴实，减少震动，防止碰撞，避免受压或机械损伤，应有防雨措施，严禁烟火；要做好结构保温板板材 4 个角的防护，避免产生磕碰而导致结构保温板板材的损坏。装卸过程中，严禁抛掷，应轻拿轻放，搬运结构保温板板材时，不能提上测 OSB 的边缘，而是要托住下侧的 OSB 板边；对于有侧立搬运要求的产品，严禁平抬，运输过程中应侧立贴实，用绳索等紧箍，支撑合理，避免破损和变形；采用吊装方式装卸时，吊装结构保温板板材不能仅固定其面板材料来起吊它，而要整体贯穿固定后再起吊。

4.4　构件堆场

板材必须在干燥、通风的仓库内贮存，免受水分影响。露天贮存，需隔离侵蚀介质，应采取防水、防潮措施。为了防止板材翘曲或者水平扭曲变形，应将结构保温板置于离开地面的平台上远离地面堆放，如图 4.1 所示。贮存场地应坚实、平整、散装堆放高度不应超过 2.5m。堆底应用垫木或泡沫板铺垫，垫木与垫木之间的距离不应大于 2.0m。对于需侧立式贮存时，板面与铅垂面夹角不应大于 15°。贮存时，应远离热源，不应与化学药品接触。板材应按型号、规格、等级分类贮存。

板材偶尔淋到雨中是不会出现问题的，但是持续地暴露在潮湿的环境中会导致边缘的膨胀变形，需要在安装后进行打磨处理。在安装过程中，倘若结构保温板的面材受潮变湿，那么在安装沥青瓦之前必须对其进行干燥处理。如果结构保温板板材需要在安装组件前贮存在施工现场超过 1～2 周的话，需要将结构保温板板材存放到一个相对封闭的存放处。贮存期超过 6 个月，宜翻转板面朝向和侧边位置。贮存期限超过 12 个月，应在使用前对其外观、规格尺寸及偏差、粘结强度进行抽检。

图 4.1　SIPs 板材的堆放

结构保温板在现场的存放和安装完成之后都应注意采取防潮等保护措施。可以通过使用单层的油毡纸或者塑料布作为防水遮盖（注意：如果临时保护的目的是作为屋面系统的一部分，则必须确保保护系统与其他屋顶覆盖组件的兼容性），如图 4.2 所示，防止一些特殊气候条件地区出现暴雨、雪等极端天气状况。

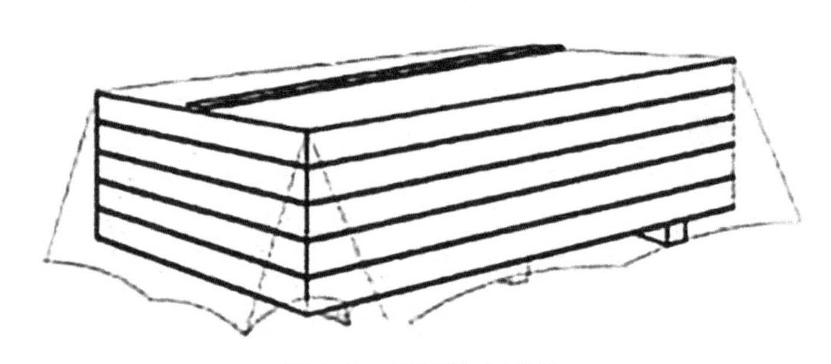

图 4.2　现场防水遮盖

4.5　安装准备

由于现场基本不需要对结构保温板做修改，板材组件可以直接进行装配式安装，所以装配式结构保温板仅需要工人在现场通过已经加工好的连接键槽条和结构木材对板材组件进行连接安装。装配式的建造过程也是对项目本身事先批准的施工图纸的全面检验。如果由于图纸和现场实际情况不符需要作一些小的改动，那么施工图纸也要做出相应的修改并且要经过批准。如果是在施工现场对结构保温板进行修改，出于对结构方面的考虑，在修改之前应当向生产厂商进行咨询。

结构保温板运达施工现场前所有的准备工作应该做好。每一个安装组件都需要为卸载考虑特定的场地以及安装所需的工具和设备，可能还需要准备为安装更大面积的板所需的索具和起重工具等。现场卸载板材需占用较大的空间，因为卸下的第一块板材并不通常是需要首先安装的，所以留给板材排序的空间也是必要的，因此构件的堆场提前做出仔细的规划。

4.5.1　技术准备

1）掌握拟建工程的建筑和结构的形式和特点，确定需要采取哪些新技术；

2）复核主要承重结构或构件的强度、刚度和稳定性能否满足施工要求；

3）审查现有施工技术和管理水平能否满足工程质量和工期要求，建筑设备及加工订货有何特殊要求等。

4.5.2　劳动力组织准备

1）建立施工项目领导机构—项目经理部：根据工程规模、结构特点和复杂程度，确定施工项目领导机构的人选和名额，遵循合理分工与密切协作、因事设职、与职选人的原则，建立施工经验丰富、工作效率高的施工项目领导机构；

2）组建精干的工作队伍：根据采用的施工组织方式，确定合理的劳动组织，建立相应的专业或混合工作队伍；

3）集结施工力量，组织劳动力进场：按照开工日期和劳动力需要量计划，组织工人进场，安排好职工生活，并进行安全、防火和文明施工等教育；

4）做好职工入场教育工作：为落实施工计划和技术责任制，应按管理系统逐级进行交底，交底内容通常包括工程施工进度计划和月、周作业计划；各项安全技术措施、降低成本和质量保证措施；质量标准和验收规范要求；以及设计变更和技术核定事项等。以上事项均应详细交底，必要时进行现场示范；同时健全各项规章制度，加强遵纪守法教育。

4.5.3　施工现场准备

1）依据施工图进行测量放线，检查预埋件位置、基础结构尺寸、标高是否与设计文件符合。

2）认真设置灭火器，确保施工现场“四通”（通电、通水、道路畅通、通信畅通）。

3）编制施工平面图，确定生活区、施工现场和材料堆场等范围，施工现场应包含加工区和安装区。加工区可以完成的工作：① 挑选和检查板材；② 切割板材；③ 制作板材开口和凹槽；④ 在板材上标记出电线管孔的位置；⑤ 切割花键和封边板；⑥ 板材预钻孔；⑦ 吊装准备。

4）建造施工设施：按照施工平面图和施工设施需要量计划、建造各项施工设施，为正式开工准备好用房。

5）组织施工机具进场：根据现场的地形与工作距离，确定好起重机或叉车数量，并组织其他施工机具进场，按规定地点和方式存放，并应进行相应的保养和试运转等工作。

6）组织建筑材料进场：根据建筑材料、构（配）件和制品需要量计划，组织其进场，按规定地点和方式储存或堆放。

7）结构保温板板材到达现场之后，应根据施工图纸及材料清单，确认所需结构保温板板材均已到达现场且无损坏。

8）做好季节性施工准备：认真落实季节性施工的施工设施和技术组织措施。

第5章

地基基础施工

5.1 地基处理

结构保温板建筑地基设计应满足现行国家标准《建筑地基基础设计规范》GB 50007 中的要求，地基处理应满足现行行业标准《建筑地基处理技术规范》JGJ 79 中的要求。结构保温板一般用来建造建筑高度低于 10m 的 3 层及 3 层以下公共建筑和居住建筑，本节仅对灰土地基处理进行介绍。

5.1.1 施工要求

灰土的土料宜采用施工现场基坑（槽）中挖出的有机质含量不大于 5% 的土，使用前过筛，最大粒径不得大于 15mm，严禁使用膨胀土、盐渍土等活动性较强的土。石灰宜用消解（闷透）3～4 天的新鲜生石灰块，使用前过筛，粒径不得大于 5mm，熟石灰中不得夹有未熟的生石灰块。

灰土料应按设计体积比要求拌和均匀，颜色一致。施工时使用的灰土料含水量应接近最优含水量。最优含水量应通过击实试验确定。一般控制灰土料的含水量为 10% 左右，施工现场检验方法是用手将灰土紧握成团，两手轻捏即碎为宜，如水分过多或不足时，应晾干或洒水湿润。拌和后的灰土料应当日使用。

5.1.2 施工步骤

施工准备。基槽在铺设灰土前必须先行验槽，如发现槽内有局部软弱土层或孔穴，应挖除后用灰土分层填实。

灰土铺设施工。灰土的铺设厚度应根据不同的施工方法按表 5.1 选用。每层灰土的夯打遍数，应根据设计要求，通过现场干密度试验确定。

采用不同施工方法铺设灰土的厚度控制　　表 5.1

压实设备	机具重量（t）	虚铺厚度（cm）	备注
石夯、木夯	0.04～0.08	20～25	人力送夯，落高 40～50cm
轻型压实机械	—	20～25	蛙式打夯机
压路机	6～10	20～30	双轮

每层灰土施工完成后，应进行质量检验，达到设计要求的干密度后，再进行下层铺设施工，直至达到设计要求的总厚度。

5.1.3　质量检验

灰土地基的施工质量应满足设计要求和现行国家标准《建筑地基基础工程施工质量验收标准》GB 50202 中的要求，检查方法应满足现行行业标准《建筑地基检测技术规范》JGJ 340 中的要求。具体要求详见表 5.2。

灰土地基质量检验标准　　表 5.2

项目	序号	检查项目	允许值或允许偏差		检查方法
			单位	数值	
主控项目	1	地基承载力	不小于设计值		静载试验
	2	配合比	设计值		检查拌和时的体积比
	3	压实系数	不小于设计值		环刀法
一般项目	1	石灰粒径	mm	≤ 5	筛析法
	2	土料有机质含量	%	≤ 5	灼烧减量法
	3	土颗粒粒径	mm	≤ 15	筛析法
	4	含水量	最优含水量 ±2%		烘干法
	5	分层厚度	mm	±50	水准测量

灰土地基的现场质量检验，宜采用环刀取样，测定其干密度。灰土最小干密度要求列于表 5.3。当采用贯入仪或其他手段检验灰土质量时，使用前，应在现场作对比试验（与控制干密度对比）。

现场灰土的质量标准　　表 5.3

土料种类	灰土最小干密度 ρ_d（t/m^3）
粉土	1.55
粉质黏土	1.50
黏土	1.45

施工过程中分层取样检验的取样位置，应在每层层面下 2/3 厚度处，取样数量不应少于下列规定：

（1）整片灰土地基：每 100m^2 两处；

（2）单独基础下的灰土地基：每个一处；

（3）条形基础下的灰土地基：每 20m 一处，每一施工段两处。

对于质量检验不符合要求的灰土，应进行补夯或重新铺设并夯实后，再进行质量检验。

灰土地基的承载力检验应按静载荷试验结果确定。

5.1.4 施工注意事项

在基坑（槽）底位于地下水以下的基坑（槽）内施工时，应采取排水或降水措施。夯实后的灰土，在 3 天内不得受水浸泡。灰土地基铺打完成后，应及时修建基础和回填基坑（槽），或作临时遮盖，防止日晒雨淋。

雨期施工时，应采取防雨及排水措施，刚压实完毕或尚未压实的灰土，如遭水浸泡，应将积水及松软灰土挖除并补填夯实；受浸湿的灰土，应在晾干后再压实。

采用不同的压实设备（人工夯实、蛙式打夯机、重锤夯实、压路机等）进行现场施工时，灰土料铺土厚度、填筑含水量、压实（或碾压）遍数等施工控制参数必须由现场干密度试验确定。

一般情况下，灰土料的黏粒含量越高，最优含水量越高。现场灰土料的均匀性、含水量和铺土厚度偏差的影响与室内试验结果不尽相同。同一压实功下，灰土地基现场施工达到的干密度低于室内击实试验的最大干密度；施工设备的压实功越大，在相同铺设厚度的情况下，灰土料的含水量应稍小于室内试验得出的最优含水量，才能达到最佳压实效果。因此，当灰土地基的工程量很大时，宜在施工现场通过试验段确定灰土地基的设计和施工参数。

灰土地基的底面宽度应满足基础下应力扩散的要求。灰土垫层的底宽 $B' \geqslant B + 2z\tan\theta$（$\theta$ 一般取 28°）。灰土地基的厚度不宜小于 0.5m，一般也不宜大于 3m。

灰土地基不宜在负温下施工。否则，应对土料、石灰和灰土地基采取有效的防冻措施，确保其不受冻害。

5.2　现浇地坪基础

5.2.1　施工要求

水泥宜采用强度等级不小于 32.5 级的硅酸盐水泥、普通硅酸盐水泥或矿渣水泥；石子宜采用卵石或碎石，粒径 5～30mm，最大粒径不应大于每层厚度的 2/3，含泥量不大于 2%；砂宜采用中砂或粗砂，含泥量不大于 3%。混凝土的强度等级应符合设计要求并不小于 C20，坍落度 80～120mm。

5.2.2　施工步骤

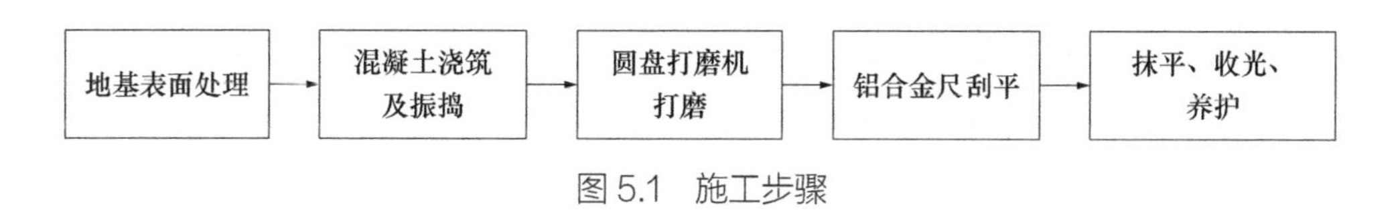

图 5.1　施工步骤

地基表面处理。地坪施工前，应对地基表面进行抓毛处理，将基层表面清扫干净，并将地基表面浇水湿润，施工前表面积水应予扫除，地面上不能有明水。

混凝土浇筑及振捣。混凝土浇筑宽度应保证不出现冷缝为原则，不能过度振捣。

圆盘打磨机打磨。在混凝土临初凝时，即混凝土坍落度基本消失时，用圆盘机打磨，使混凝土表面再次出浆。

铝合金尺刮平。铝合金尺宜选用刚度大，不易变形的较大截面，长度宜 4～6m；在圆盘机打磨混凝土表面出浆后，用铝合金尺旋转刮平。

抹平、收光、养护。在铝合金尺刮平后，用铁抹子抹平铝合金尺刮抹痕迹。铁抹子收光混凝土表面后，12 小时后开始洒水养护，养护时间为 7 天，每天洒水至少两次（保持地坪随时湿润）。养护期间不允许上人进行下道工序施工。

5.2.3　质量检验

混凝土采用的粗骨料，其最大粒径不应大于每层地坪厚度的 2/3，细石混凝土面层采用的石子粒径不应大于 15mm。

地坪混凝土的强度等级应符合设计要求，且混凝土强度等级不应小于 C20；水泥混凝土垫层兼面层强度等级不应小于C15。

面层与下一层结合牢固，无空鼓裂纹。

面层表面不应有裂纹、脱皮、麻面、起砂等缺陷。

面层表面的坡度应符合设计要求，不得出现泛水和积水现象。

面层表面平整度的允许偏差为 ±5mm。检测方法为：在混凝土表面双向间距3m弹墨线，用2m靠尺在3m方格内检测混凝土表面平整度，按30%频度抽检。

5.2.4 施工注意事项

混凝土按计划分段摊铺，随铺随用长木杠刮平拍实，表面塌陷应用细石混凝土补平。

当施工间歇超过规定的允许时间后，在继续浇筑混凝土时，应对已凝结混凝土断面的进行处理；混凝土接槎处用水冲洗，刷水泥浆（水灰比为0.4～0.5），再浇筑混凝土，并应捣实压平，不显接头槎。

5.3 条形基础

5.3.1 施工要求

结构保温板建筑条形基础使用的粗骨料应采用质地坚硬的卵石、碎石，其粒径宜用5～40mm连续级配，含泥量不大于2%，无垃圾及杂物；细骨料应选用质地坚硬的中砂，含泥量不大于3%，无有机物、垃圾、泥块等杂物；水泥宜用强度等级为32.5、42.5的硅酸盐水泥或普通硅酸盐水泥，使用前必须有出厂质量证明书和水泥现场取样复试试验报告；钢筋应具有出厂质量证明书和钢筋现场取样复试试验报告；混凝土配合比应经试验室试配。

由于墙板或者楼板搁栅支撑在基础墙上，基础墙的厚度要允许能够同时安装墙板和地板搁栅。基础墙顶面标高应高于室外地面标高300mm以上，在虫害区应高于450mm以上，并应保证室内外高差不小于300mm。

墙板与基础连接采用锚栓紧固件的连接方式，锚栓紧固件应在浇筑混凝土基础预埋。预埋件应按计算确定，并应符合现行国家标准《混凝土结构设计规范》

GB 50010 的规定。锚栓紧固件直径不得小于 12mm，间距不应大于 2m，埋入深度不应小于 25 倍锚栓直径。

5.3.2　施工步骤

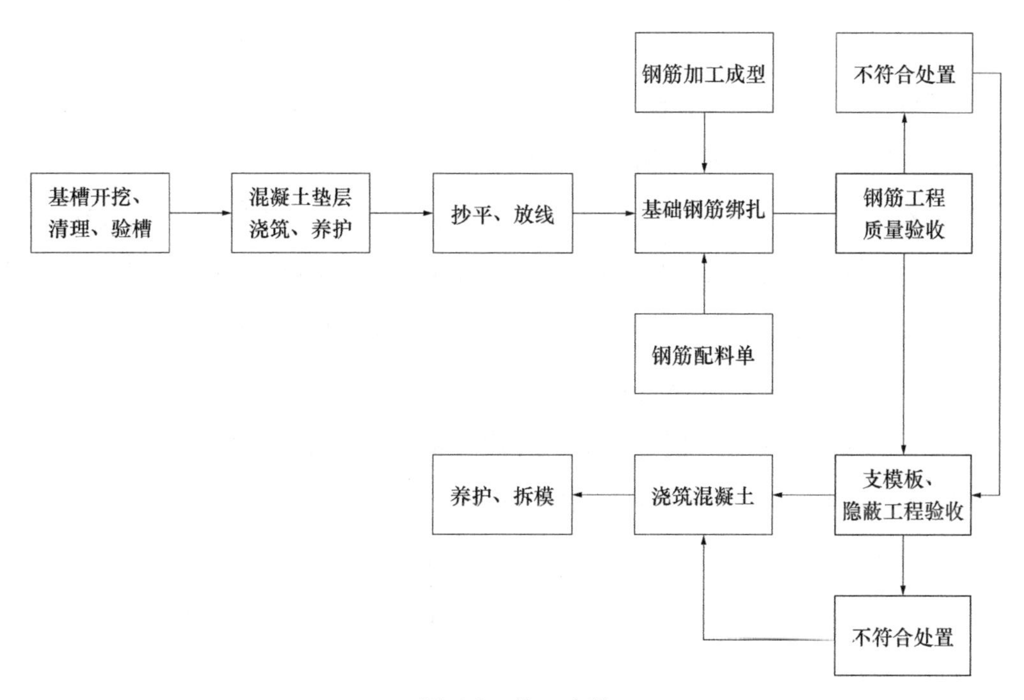

图 5.2　施工步骤

基槽开挖。放线后用白灰做好标记，挖土采用反铲挖掘机开挖，开挖尺寸按照基础尺寸每边各留出 300mm 工作面，工作面作为侧面支模的位置，人工辅助修坡修底，沿房屋纵向由一端逐步后退开挖，挖出的土立即运出场外。

清理及垫层混凝土浇筑。地基验槽完成后，清理表层浮土及扰动土，不得积水，立即进行垫层混凝土施工，必须振捣密实、表面平整，严禁晾晒基土。

钢筋绑扎。垫层浇筑完成达到一定强度后，在其上弹线、支模、铺放钢筋网片。上下部垂直钢筋绑扎牢，将钢筋弯钩朝上，按轴线位置校核后用方木架呈井字形；底部钢筋网片应用与混凝土保护层同厚度的水泥砂浆或塑料垫块垫塞，以保证位置正确，表面弹线进行钢筋绑扎，钢筋绑扎不允许漏扣。钢筋混凝土条型基础，在 T 字形与十字形交接处的钢筋沿一个主要受力方向通长放置。

支模板。钢筋绑扎及相关专业施工完成后立即进行支模板工序，模板采用组合钢模板或木模，利用钢管或木方加固。锥形基础坡度＞ 30° 时，采用斜模板支护，利用螺栓与底板钢筋拉紧，防止上浮，模板上部设透气及振捣孔；坡度≤ 30° 时，利用钢丝网（间距 300mm），防止混凝土下坠，上口设井字木控制钢筋位置。不得用重物冲击模板，不准在吊帮的模板上搭设脚手架，保证模板的牢固和严密。

清理。清除模板内木屑、泥土等杂物，木模浇水湿润，堵严板缝及孔洞，清除积水。

混凝土搅拌。根据配合比及砂石含水率计算出每盘混凝土材料的用量。认真按配合比用量投料，严格控制用水量，搅拌均匀，搅拌时间不少于 90 秒。

混凝土浇筑。浇筑条形基础时，应注意锚栓紧固件位置的正确，防止造成位移和倾斜。在浇筑开始时，先满铺一层混凝土并捣实，使锚栓紧固件下段和钢筋网片的位置基本固定，然后对称浇筑。条形基础根据高度分段分层连续浇筑，不留施工缝。浇筑时先使混凝土充满模板内边角，然后浇筑中间部分，以保证混凝土密实。分层下料，每层厚度为插入式振捣棒的有效振动长度。防止由于下料过厚，振捣不实或漏振、吊帮的根部砂浆涌出等原因造成蜂窝、麻面或孔洞。

混凝土振捣。采用插入式振捣器，插入的间距不大于振捣器作用部分长度的 1.25 倍。上层振捣棒插入下层 30～50mm，尽量避免碰撞预埋件、预埋螺栓，防止预埋件移位。

混凝土找平。混凝浇筑后，表面比较大的混凝土，使用平板振捣器振一遍，然后用木杆刮平，再用木抹子搓平。收面前必须校核混凝土表面标高，不符合要求处立即整改。

混凝土养护。已浇筑完的混凝土，常温下，应在 12 小时左右覆盖和浇水。一般常温养护不得少于 7 天，特种混凝土养护不得少于 14 天。养护设专人检查落实，防止由于养护不及时而造成混凝土表面裂缝。

基础回填。注意成品保护，应待混凝土构件强度达到后再进行回填。回填土的材质要符合要求，回填土要分层回填，每层不大于 400mm，使用夯土机夯实。

5.3.3 质量检验

条形基础的施工质量应符合设计要求和现行国家标准《建筑地基基础工程施工质量验收标准》GB 50202 的规定。此外，条形基础施工中涉及的钢筋加工、安装工程应符合现行国家标准《混凝土结构工程施工质量验收规范》GB 50204 的规定。钢筋混凝土条形基础质量检验标准见表5.4。

条形基础质量检验标准　　表5.4

项目	序号	检查项目	允许偏差		检查方法
			单位	数值	
主控项目	1	混凝土强度	不小于设计值		28天试块强度
	2	轴线位置	mm	≤ 15	经纬仪或用钢尺量
一般项目	1	L（或B）≤ 30m	mm	±5	用钢尺量
		30m < L（或B）≤ 60m	mm	±10	
	2	60m < L（或B）≤ 90m	mm	±15	
		L（或B）> 90m	mm	±20	
		基础顶面标高	mm	±15	水准测量

5.3.4　施工注意事项

地基验槽后立即进行垫层混凝土施工，混凝土垫层施工时必须设置标高控制桩。垫层须平整、密实。

垫层混凝土强度达到1.2MPa后，应按轴线弹线。条形基础在T字形或十字形交界处的钢筋应沿一个主要方向通长放置。

钢筋绑扎前与模板安装后应分两次检查、核对轴线与标高，各类基础均应设置水平桩或弹上口线。

浇筑混凝土前必须清除模板内的木屑、泥土、烟蒂等杂物，清除积水。

浇筑混凝土时，应根据预埋深度固定锚栓紧固件。锚栓紧固件在预埋前应进行防腐处理。

5.4　基础防潮处理

5.4.1　水分渗透的原因

要为建筑物建造一个牢固的、能够防水和严格控制湿度的基础，建造细节至关重要。基础的维修通常较为困难而且费用高昂。所以，在建筑建造时就正确地修建一个高质量的基础非常重要。本部分主要讨论了常见的水汽来源，阐释了基础的防潮处理细节。

水对地面、架空层及地下室的侵蚀一般有以下几种原因：

（1）地表流动的雨水或从屋顶排下的雨水可能流入基础侧面，并进而流入架空层或地下室；

（2）雨水渗入地面并通过土壤流至建筑底部；

（3）建筑底部有时会出现天然水，这种情况可能仅会季节性地出现；

（4）地下水位会随季节变迁而升降，有时地下水位会升至地表；

（5）地面或基础下的地下水可能在毛细作用下通过土壤缝隙向上渗透，造成地下室、架空层及地板的潮湿。在细软的泥土或黏土中，这种毛细作用带来的水位上升可高出地下水位线达 2m 以上；

（6）新浇筑的混凝土通常在几周甚至几个月内摸起来都是潮湿的，这是因为新浇筑的混凝土中含有多余的水分，水分蒸发时就会产生潮湿现象，这种潮湿状态不会维持较长的时间；

（7）在建筑使用过程中，由于园林绿化、房屋改造或只是时间的流逝，现有的基础排水（周围排水）系统会被泥土或树根等堵塞、压碎、毁坏或断开。因排水不利而聚集的水流会造成潮湿，甚至水淹至建筑内部。

地下水位、地表面和建筑基础关系如图 5.3 所示。

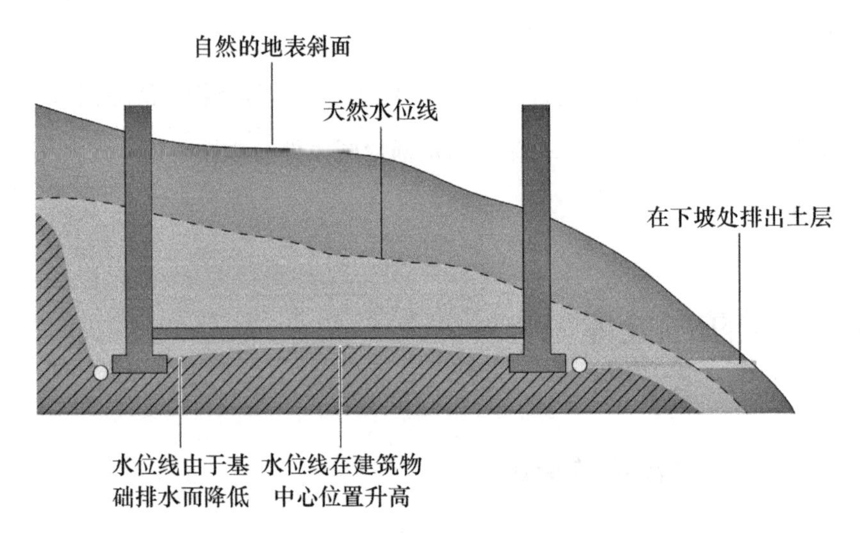

图 5.3　地下水位、地表面和建筑基础关系图

5.4.2　防潮处理措施

以下阐述的施工方法将最大限度地减少很多基础建设中的水分侵蚀问题。虽然这些措施在商用建筑中经常使用，但在民用建筑方面却常被省略。应该遵循以下防护性措施，以保证正确地设计并建造基础。在某些情况下，建议先进行地质调查，再进行防潮处理。

（1）清除膨润土

由于膨胀土中含有较多的蒙脱石、伊利石等黏土矿物，它的每一个细小颗粒均能吸收水汽，具有吸水膨胀、失水收缩和反复胀缩变形、浸水承载力衰减、干缩裂隙发育等特性。在吸水、失水过程中，产生较强的膨胀应力和收缩应力，常使建筑物产生不均匀的竖向或水平的胀缩变形，造成位移、开裂、倾斜甚至破坏，且往往成群出现，尤以低层平房严重，危害性很大。当地下室墙体出现裂缝时，除增加了结构损坏的潜在风险外，也为水分的侵入提供了更直接的途径。

膨胀土壤通常会被清除，并使用遇潮湿不膨胀的、由土壤或碎石混合而成的填土代替。在膨胀土上修建建筑时，杜绝雨水或地下水侵入基础或水泥地面板之下便显得更为重要。

（2）安装基脚排水管

基脚排水管是基础建设最重要的特征之一，各种基础建设都建有类似的排水系统。基脚排水管应安装于基础建设的四周，水应排入房屋下坡的适当位置，如枯井或排雨系统，见图5.4。

在土壤邻近建筑或由于地面升高而无法就势自然排水的地方，一定要设有污水池，将水泵插入排雨管道。基脚排水管的安装步骤如下：

1）在坑底放置土工布；

2）覆盖上一层厚度为100mm、直径为19mm的碎石或砾石，碎石或砾石应大小一致，表面清洁；

3）如果土壤为黏土，则在砾石上放置最小直径为100mm、有穿孔的排水管；如果土壤为砂土，而且有大量的水需要排除，则使用直径为150mm、有穿孔的排水管，将穿孔朝下放置，排水管可沿基脚水平放置；

4）在基脚排水管远离房屋周边的地方，将有穿孔的基脚排水管连接到一段与其直径相同的无穿孔排水管上，并将其延伸至远离房屋的下坡地界，接到枯井、雨水排放系统或其他合适的位置，以进行地上排水；

5）用 150mm 厚的清洁砾石覆盖有穿孔的排水管，并用土工布盖在砾石上面。

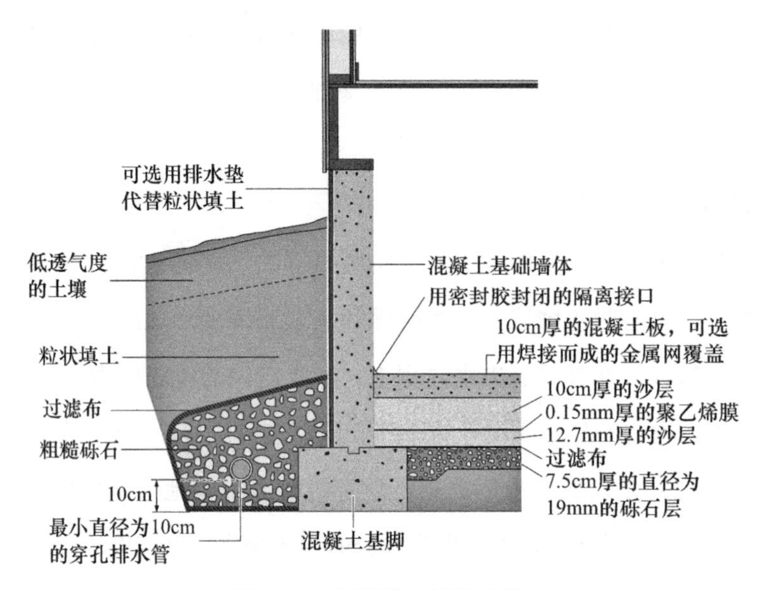

图 5.4　基脚排水管的安装

如果天然水位线高至墙体，则即使安装了基脚排水管，也须用防水材料覆盖密封层，防水材料要能够抵挡水的压力而不致漏水。如果采用该系统，所用材料应出自同一厂商，以更好地保证材料的相容性。

将墙体涂以适当的防水涂料，如沥青胶粘剂。这种补备系统将有助于密封住所有现存或日后可能漏水的细小裂缝。在墙体的防水材料或密封材料上加附排水垫，使水能够顺利地流入基脚排水管。也可以用砾石铺设一条通往基脚排水管的通道，但在铺设砾石时要小心，不要损坏防水材料，见图 5.5。

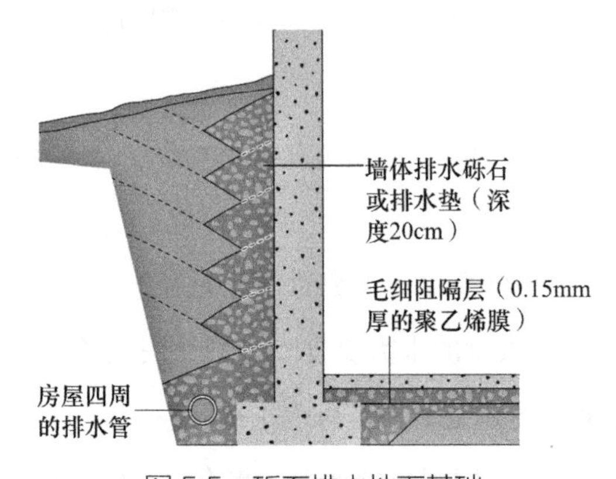

图 5.5　砾石排水地下基础

（3）基础防潮处理

1）基础设计原则

在基础建造的过程中，注意细部的处理可防止破坏性水汽的积聚以及空气的渗漏，而且也易于保持地板及架空层的干燥。在基础设计中应谨记以下几条重要的原则：

① 即使在地下，水也是向低处流动的；

② 水如果在墙体前蓄积，就会对墙体产生压力，增大渗漏的风险；

③ 未经加工的混凝土、砂浆及砌块均有孔隙；

④ 即使建造良好的混凝土墙体也会有开裂，哪怕是只能在显微镜下看到的小裂缝，因此应采取适当的措施来防止裂缝处渗水；

⑤ 防止水分渗漏永远比事后补修容易且便捷。

多数房屋的基础为以下三种之一：现浇地坪基础、条形基础或带有地下室的条形基础，偶尔也会用到高压防腐处理的木板、砌石、柱墩和桩基式等基础结构。

2）现浇地坪基础

由于现浇地坪基础的地面与基脚可以进行一体式灌注，所以很容易建造。基础面一般与地面齐平或高出少许。现浇地坪基础理论上可以构筑任何高度的墙体。如果土质为细土或黏土，且地下水位可能会升至距地表 3m 之内，则地面要进行特别处理之后才可铺设混凝土地坪，见图 5.6。

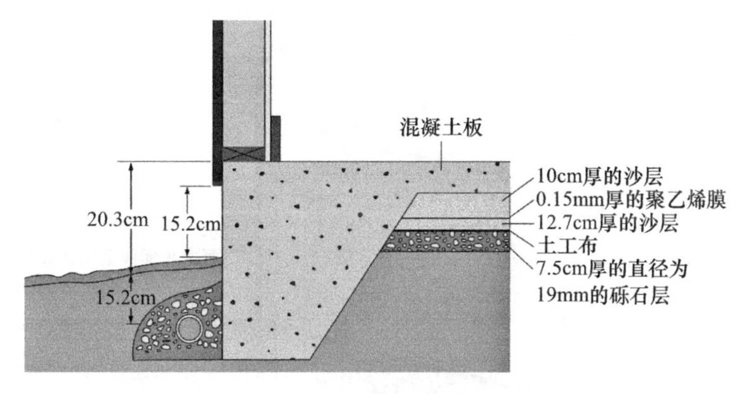

图 5.6　现浇地坪基础

① 排水及在地面上铺设一层 75mm 厚的直径为 19mm 的粗糙砾石，作为阻挡毛细作用的隔层，砾石需压紧；

② 在砾石上面铺一层土工布；

③ 在土工布上铺一层 130mm 厚的砂子并压紧；

④ 在 130mm 厚的压紧砂面上铺一层聚乙烯薄膜（或加固的聚乙烯膜，以提供更大的防刺穿阻力）；

⑤ 在聚乙烯膜上铺设厚度为 100mm 的压紧砂层，砂子要充分压实，以防止满载预拌混凝土的罐车造成的压力将薄膜损坏；

⑥ 在砂子上浇筑混凝土板。

需注意的是，混凝土中多余的水分蒸发时会留下一些可供水分通过、极其微小的孔隙。为了最大限度地减小混凝土孔隙度，应使用水灰比低、水泥含量高的混凝土，并添加适量减水剂。使地坪向远离房屋及基础的方向倾斜，确保所有从排水管排出的水均能排离建筑，排入枯井、排雨管系统或房屋下坡的适当地表处。

3）条形基础

条形基础通常用于在地面上建造木质框架的地板系统。地板下的空间用来在布置电线、上下水管道及暖风口等。该基础由一个单独的周边基脚加混凝土或砖石墙体组成，墙体的高度从几厘米至几米不等。未修整的泥土地面可与地表齐平或在地表下，见图 5.7。

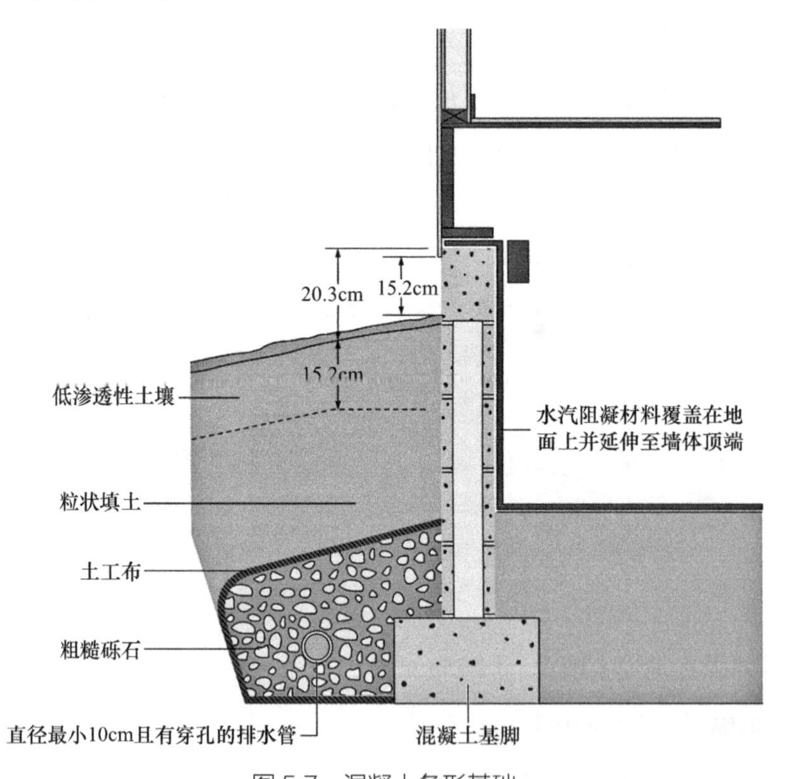

图 5.7　混凝土条形基础

基脚的排水管及污水沟／排水管系统等应按与现浇地坪基础相同的方式安装。穿透墙壁的供水、排污及电线的连接口应控制在最小限度，且完全密封，见图5.8。同样，地面的斜坡应斜离基脚。

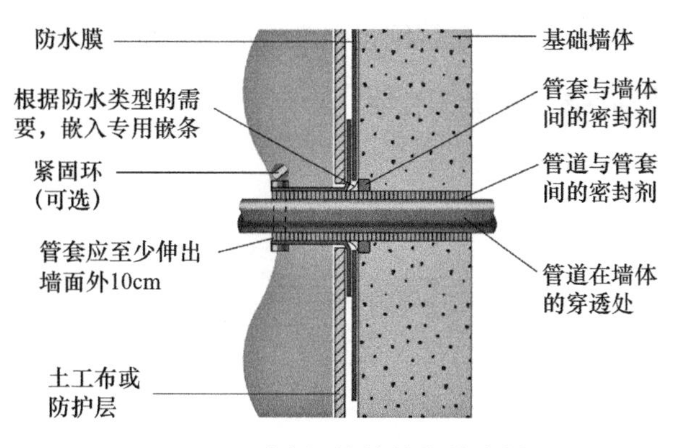

图5.8　对穿透墙体结构的密封

架空层内应提供通风口以促进自然空气的循环。通风口至少要有4个，房屋四周的每面墙上都至少要有1个通风口。通风口应尽可能地开在基础墙体的高处，并在每面墙上平均分配通风口的面积。

计算通风口面积的公式如下：

$$a=\frac{A}{150}$$

式中　a——所有通风口的净可用面积（m^2）；

A——架空层面积（m^2）。

在建筑下裸露的地面上应铺有一层至少0.15mm厚的聚乙烯膜，以防止地面潮气进入架空层。薄膜边缘至少要重叠150mm，遵照厂商的建议，用胶带或胶将所有边缘密封。之后用胶带将聚乙烯膜粘在墙面上并将所有从聚乙烯膜下突出的物件周围封紧。按上述建议安装了聚乙烯薄膜后，通风口面积可减少至公式计算所得面积的10%。

基础回填时要仔细地将每层泥土压实，但不要压挤过度，因为这样做可能会从结构上破坏墙体。

4）带有地下室的条形基础

带有地下室的条形基础是条形基础的变体，所不同的是具有全高的墙体和混凝土地面。地下室墙壁的各面可低于地表（地平面）。在坡地上，地下室的一面或多面可全部或部分高于地表面。

现浇地坪基础的施工步骤也适用于建造地下室的地面，应使用混凝土振捣器以防止墙壁内形成空洞及冷接点。此外，在地下室的墙体内使用足量的钢筋有助于最大限度地减少开裂，增强建筑结构强度。应使用水灰比低、水泥含量高的混凝土。减水剂可提高混凝土的施工性能。

第6章

墙板施工

结构保温板建筑地基基础施工结束后，首先进行的是墙体施工。在进行首层墙体施工时，涉及墙板与基础连接、角板连接（结构保温板建筑墙体施工通常从建筑的某一角落开始）、墙板连接，墙板中又涉及门窗洞口的连接处理，墙体防潮处理对于结构保温板建筑的耐久性又十分重要。为了方便读者理解掌握结构保温板建筑墙体施工的细节，本章分为墙板与基础连接、角板连接、墙板与墙板连接、门窗洞口连接、墙体防潮处理几个部分分别详细介绍。

6.1 墙板与基础连接

6.1.1 施工要求

在安装地梁板前，应保证混凝土基础或地坪顶面砂浆平整，其倾斜度不应大于2%。

墙板与混凝土结构间的锚栓紧固件和地梁板与基础的锚栓紧固件应进行防腐处理。螺母下应设直径不小于 50mm 的垫圈。在每根地梁板两端和每片墙体端部，均应有螺栓锚固，端距不应大于 300mm，钻孔孔径可大于螺杆直径 1～2mm。

地梁板和底梁板应采用经加压防腐处理的规格材，其截面尺寸应与保温层相同。

地梁板与基础顶面的接触面间应设防潮层，防潮层可选用厚度不小于 0.2mm 的聚乙烯薄膜，存在的缝隙应用密封材料填满。

当墙板的上拔力大于重力荷载代表值的0.65倍时，墙体两侧边界构件与混凝土基础的连接，应采用抗拔钢带或抗拔锚固件连接。连接应按承受全部上拔力进行设计。

6.1.2 施工步骤

检查项目图纸。检查建筑平面图中所有地梁板、底梁板是否具有相同的宽度。在建筑设计中，因平面布置要求、结构要求、保温要求等不同，墙板厚度可能不同。一般情况下，地梁板指混凝土基础与上部墙板、底梁板之间的连接构件，宽度与墙板厚度相同；底梁板指地梁板与上部墙板之间的连接构件，宽度与墙板保温层厚度相同（图 6.1、图 6.2）。

检查地梁板、底梁板尺寸。地梁板、底梁板使用窑干木规格材，厚度一般为 38mm，其宽度应分别与墙板厚度、保温层厚度保持一致，允许存在1.5mm的尺寸公差。

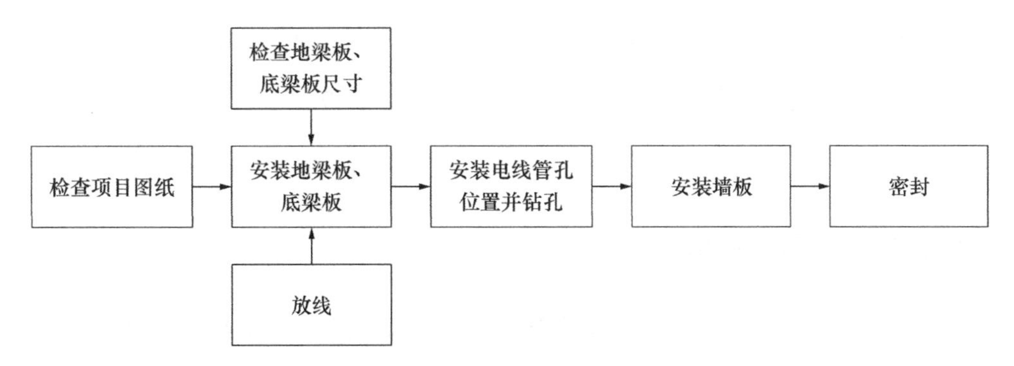

图6.1　施工步骤

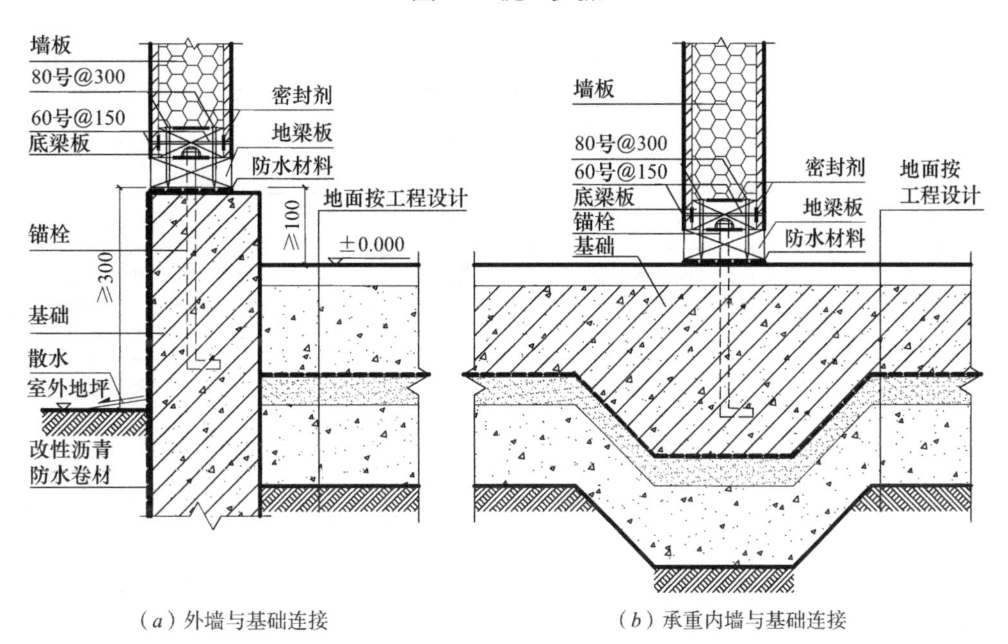

图6.2　墙板与基础连接

安装地梁板、底梁板。安装地梁板前，在地梁板与基础顶面的接触面间铺设防潮层。地梁板沿墙板方向布置，长度方向用平接头对接，其接头不应位于墙板花键位置（详见6.3节墙板连接）。地梁板通过预埋的锚栓紧固件固定在混凝土基础上，地梁板、底梁板之间涂抹密封剂，最后将底梁板用两排型号为80号的钉子按间距300mm垂直钉牢在地梁板上，如图6.2所示。

标记电线管孔位置并钻孔。根据建筑平面图，如果存在垂直的电线管孔，用电钻在相应位置钻孔。为了避免施工时可能存在的尺寸偏差，这项工作一般在施工现场完成，而不是提前预制好电线管孔。钻孔工作完成后，应仔细清除产生的木屑。

安装墙板。在安装墙板前，对照板材拼接图检查墙板尺寸。墙板底部应确保有高度为38mm的凹槽，以便于安装在底梁板上，此项工作一般在工厂预制完成。在底梁板表面涂抹密封剂后，从建筑的一个角落安装墙板（详见6.2节角板连接）。

6.1.3 质量检验

结构保温板建筑墙板的质量检验应符合现行国家标准《木结构工程施工质量验收规范》GB 50206中的规定。墙板的制作、安装允许偏差应符合表6.1的规定。

结构保温板建筑墙板的制作、安装允许偏差　　表6.1

序号	检查项目		允许值或允许偏差		检查方法
			单位	数值	
1	墙板	花键间距	mm	±40	钢尺量
2		墙板垂直度	mm	±1/200	直角尺和钢板尺量
3		墙板水平度	mm	±1/150	水平尺量
4		墙板角度偏差	mm	±1/270	直角尺和钢板尺量
5		花键长度	mm	±3	钢尺量
6		单根花键出平面偏差	mm	±3	钢尺量
7	地梁板、底梁板、顶梁板、盖板	平直度	mm	±1/150	水平尺量
8		顶梁板作为弦杆传递荷载时的搭接长度	mm	±50	钢尺量
9	墙面板	规定的钉间距	mm	±30	钢尺量
10		钉头嵌入墙面板表面的最大深度	mm	±5	卡尺量
11		木框架上墙面板之间的最大深度	mm	±5	卡尺量

6.1.4 施工注意事项

为避免雨水冲刷或渗透到地基，应在墙体勒脚处设置散水坡。

在安装地梁板时，如果基础表面不平整，需浇筑找平层。

地梁板、底梁板位置决定了墙板的安装位置，在安装前必须对照平面图仔细确认其位置。

地梁板、底梁板安装完成后，应清理附近区域的污垢和碎片，使各构件之间紧密接触。

上文所述为常用的基础与墙体连接形式，具体设计应根据地质条件及荷载进行工程计算。

6.2　角板连接

6.2.1　施工要求

安装角板前，要先清除底梁板及接缝处凹槽的碎屑。同时，检查和修复面板被损坏的区域。损坏严重时请咨询销售商获取维修指导。

地梁板、底梁板安装就位后，就可以安装墙板。一般情况下，结构保温板建筑的墙板安装从一个墙角开始，然后沿任意方向开始安装。要根据具体情况选择安装起点，如起重机进入路线或施工场地条件。

安装角板时，要保证两块墙板在竖直方向垂直，并保证两块墙板之间的夹角符合平面图要求。

承重墙转角处的封边板不应少于2根规格材。

6.2.2　施工步骤

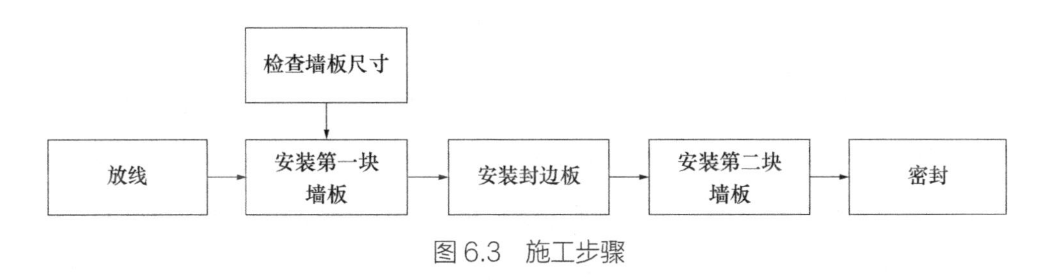

图6.3　施工步骤

放线。按照设计图纸在底梁板上标记出墙板安装位置。

安装第一块墙板。在安装墙板前，对照板材拼接图检查墙板尺寸，并且确保墙角两边的两块墙板垂直和方正。除底部外，墙板沿墙身方向的两端应确保有宽度为38mm或者76mm的凹槽，以便后续安装封边板和花键，此项工作一般在工厂预制完成。在底梁板表面涂抹密封剂后，从建筑的一个角落安装其中一块墙板。

将墙板调整至标记位置后，用几个钢钉暂时把墙板固定在适当位置。角板连接详图如图 6.4 所示。

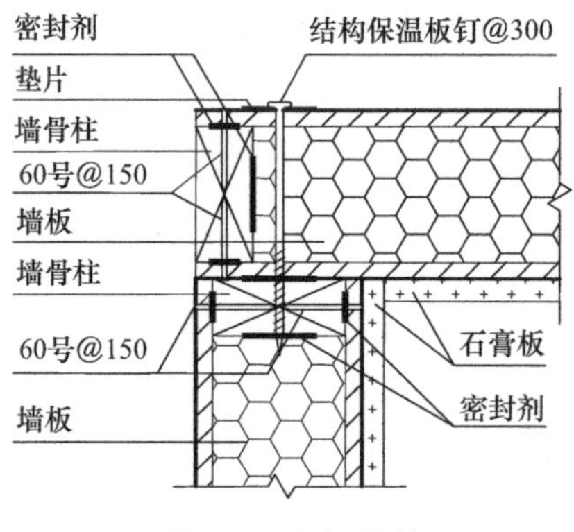

图 6.4　角板连接

调整、完全固定。第一块墙板安装完成后，检查墙板是否能够牢固地与底梁板贴合，用铅垂线检查墙板内表面和两端垂直度，如图 6.5 所示。检查无误后，最后用型号为 80 号的钉子按间距 300mm 从墙板底部面板两侧对称钉入，将底梁板与墙板钉牢。

图 6.5　安装角板

安装封边板。安装封边板的工作一般在施工现场完成，而不是提前预制。首先在封边板上涂抹密封剂，将封边板嵌入在凹槽中，用型号为 60 号的钉子按间距 150mm 将封边板和墙板钉牢。安装承重墙转角时，需要嵌入结构保温板钉的封边板采用 2 根规格材，墙板上凹槽的宽度为 76mm。

安装第二块墙板。将第二块墙板吊装到底梁板上距离第一块墙板大概 150mm 的位置，用手推动其底部与第一块墙板大致贴合，然后用重锤连续轻敲，使两块墙板较为紧密贴合。与第一块墙板的要求一样，同样需要对第二块墙板的垂直度进行检查并调整。在完全固定第二块面板前，要使用工具检查墙角处两块墙板的夹角是否符合设计要求。安装第二块墙板的封边板后，最后用结构保温板钉按照间距300mm固定两块相邻面板，结构保温板钉嵌入规格材的深度不得小于50mm。

两块角板安装完成后，还应按照设计要求安装锚固钢带和抗拔件，如图6.6所示。

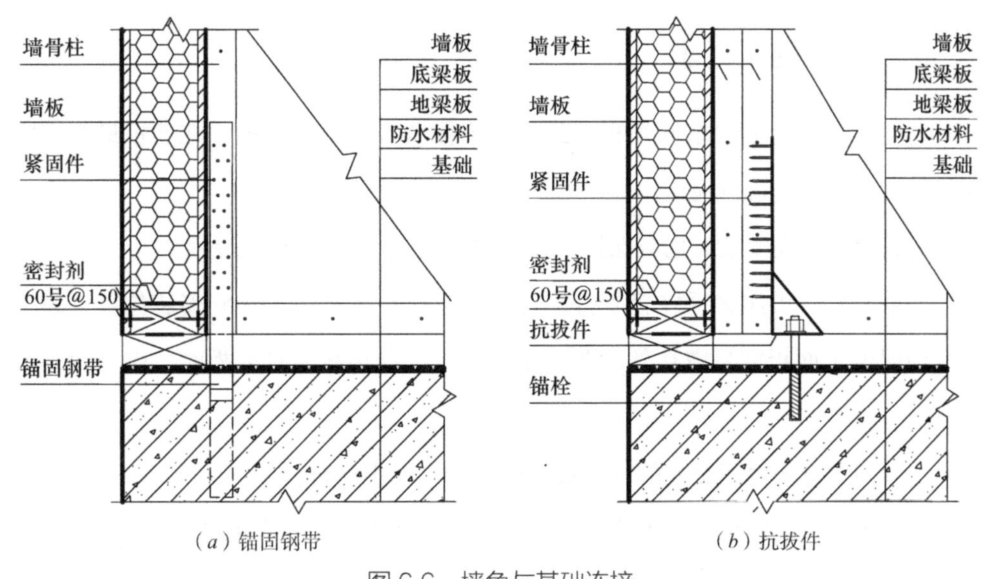

（a）锚固钢带　　（b）抗拔件

图6.6　墙角与基础连接

6.2.3　质量检验

质量检验应符合现行国家标准《木结构工程施工质量验收规范》GB 50206中的规定。构件制作、安装允许偏差应符合表6.1的规定。

6.2.4　施工注意事项

在连接板材前要先在连接处涂抹板材胶粘剂。在底梁板上将墙板倾斜放置，需要注意不要破坏板材胶粘剂。

墙板吊装过程中，要与吊装人员保持良好的配合，确保施工人员安全。起重板可以暂时保留在墙板上，以方便施工人员调整墙板位置。

第一组角板的安装位置对于所有墙板都能正确安装并且只需最低程度的调整是至关重要的，所以角板吊装到位后要严格按照设计图纸对其位置进行调整。

调整墙板位置时，要在OSB面板间保留3mm的伸缩缝，以保证在OSB出现热胀冷缩时围护结构的连接不会被破坏。

调整墙板位置时，要确保两块墙板间预留的电线管孔对齐。

6.3 墙板与墙板连接

6.3.1 施工要求

其他墙板的安装要求同角板一致，要确保墙板垂直于地面。在墙板最终固定前，对墙板垂直度进行检查，垂直度不合格的需进行调整。

所有的花键在安装时均应保持干燥，以满足密封和保温要求。

如果必要，可用大锤轻轻敲打，将墙板连接在一起后移动到安装位置。为避免结构保温板面板或暴露在外的花键受到损坏，沿边缘敲打面板时，应当使用木块衬垫。

外墙与承重内墙相交处的封边板不应少于 2 根规格材。

顶梁板在外墙转角和内外墙交接处应彼此交叉搭接，并应用钉钉牢。

结构保温板钉不能嵌入 OSB 面板中。如果在施工过程中，结构保温板钉嵌入 OSB 面板中，需要将其取出并在附近位置重新钉入一个新的结构保温板钉，最后将废弃的钉孔密封。

6.3.2 施工步骤

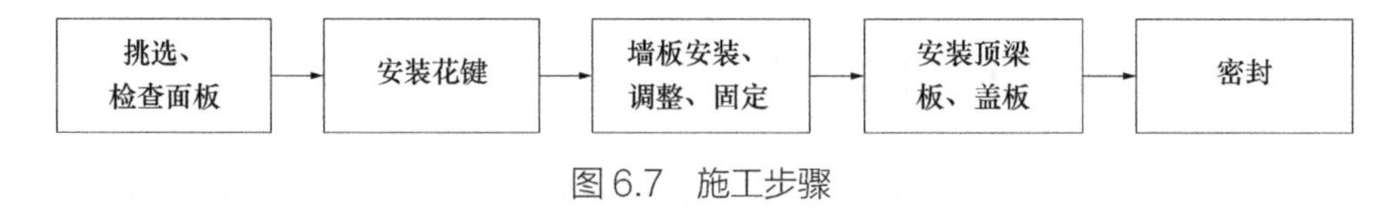

图 6.7　施工步骤

挑选、检查面板。按照板材拼装图中的墙板编号，从板材堆场中挑选出需要安装的墙板，并通过人力或者机械吊装的方式将墙板运输至安装区。如果安装区足够大，可以将 3～4 块即将安装的墙板运输至安装区进行检查及后续工作。墙板运输至安装区后，检查墙板尺寸是否符合设计要求，检查墙板表面是否有比较严重的破损，尤其是安装花键的凹槽处。

安装花键。在结构保温板建筑中，常见的花键类型主要有面花键、块花键、规格材花键、单板层积材花键四种，如图 6.8 所示。

1）面花键：将两条 11mm 厚的 OSB 板插入墙板凹槽内；

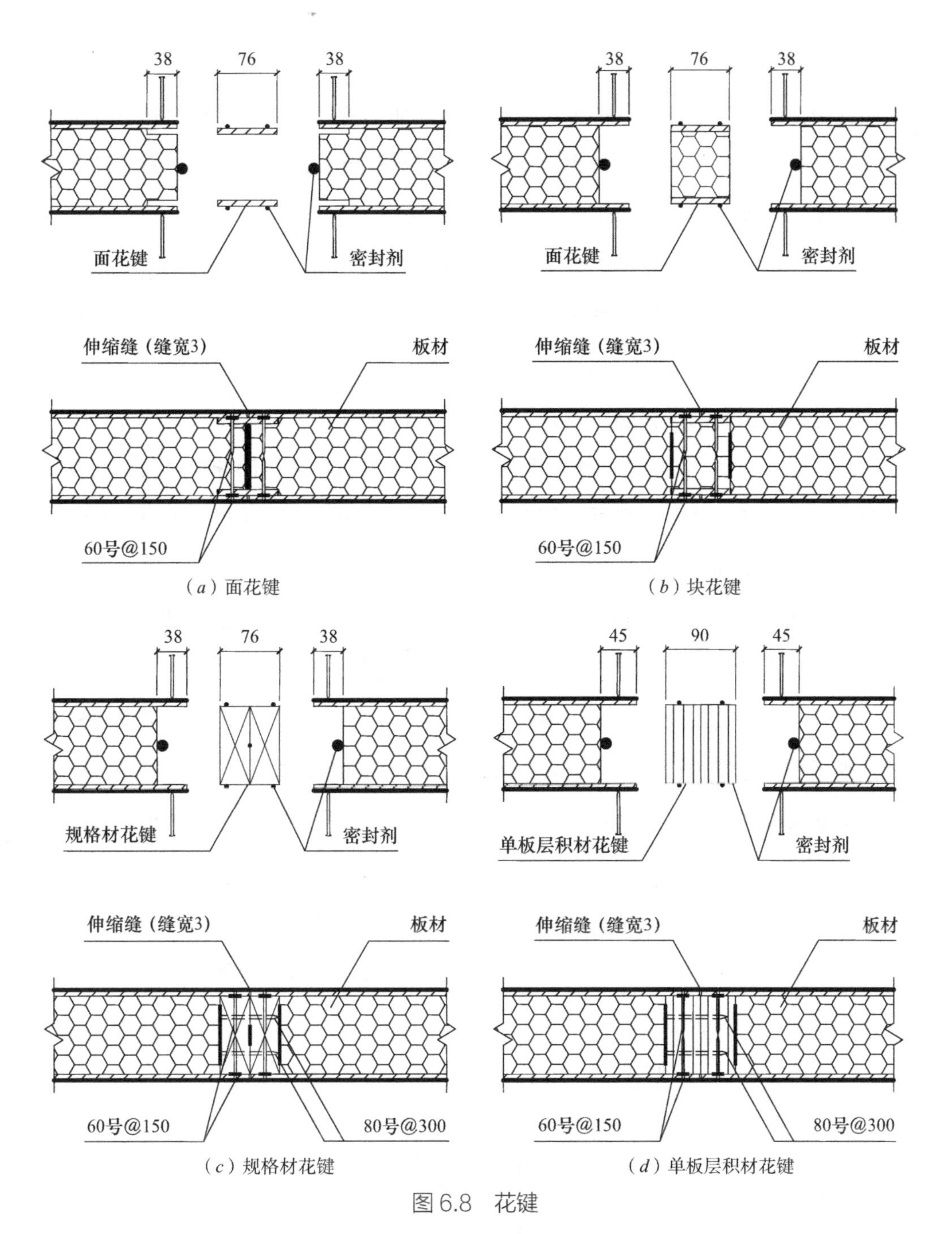

图6.8　花键

2）块花键：将厚度较小的条状结构保温板插入墙板凹槽内；

3）规格材花键：将两根宽度为38mm的规格材粘结，用两排型号为80号的钉子按间距300mm交错钉牢后插入墙板凹槽内；

4）单板层积材花键：将1根宽度为90mm的单板层积材或者2根宽度为45mm的单板层积材粘结，用两排型号为80号的钉子按间距300mm交错钉牢后插入墙板凹槽内。

其中，面花键比其他花键更难实现更高的加工精度。规格材花键和单板层积材花键容易加工，但由于木材含水率的变化容易导致热稳定性不足。面花键主要用于墙板，其他花键如符合设计要求可用于楼板。

安装花键的操作地点应该根据施工场地面积、墙板面积、施工现场工人数量以及需要在墙板上进行的工作来确定，可以在工厂预制完成，也可以在施工现场的加工区或者安装区完成。如果花键在工厂预制好，在施工现场只有固定和密封工作，是最为快捷的一种施工方式。在安装花键前，应检查墙板两端是否有匹配花键的凹槽。一般情况下，凹槽宽度为 38mm。在墙板凹槽内涂抹板材胶粘剂后安装花键。花键插入墙板凹槽后，用两排型号为 60 号的钉子按间距 150mm 与墙板彼此钉牢。为了确保安装速度和连接质量，应用电钻在墙板上进行预钻孔，钻头应穿透 OSB 面板。安装花键完成后，还应在花键上标记电线管孔的位置。

花键安装完成后的墙板安装、调整、固定的要求与角板安装相同。

所有墙板安装完成后，安装顶梁板、盖板。如果墙板之间连接采用规格材花键，则不需要设置顶梁板、盖板。顶梁板、盖板用 2 根规格材平叠。顶梁板指盖板与下部墙板之间的连接构件，宽度与墙板保温层厚度相同；盖板指墙板、顶梁板与上部楼面板、屋面板之间的连接构件，宽度与墙板厚度相同，如图 6.9 所示。安装前，应检查顶梁板、盖板尺寸是否符合设计要求。顶梁板、盖板使用窑干木规格材，厚度一般为 38mm，其宽度应分别与墙板厚度、保温层厚度保持一致，允许存在 1.5mm 的尺寸公差。

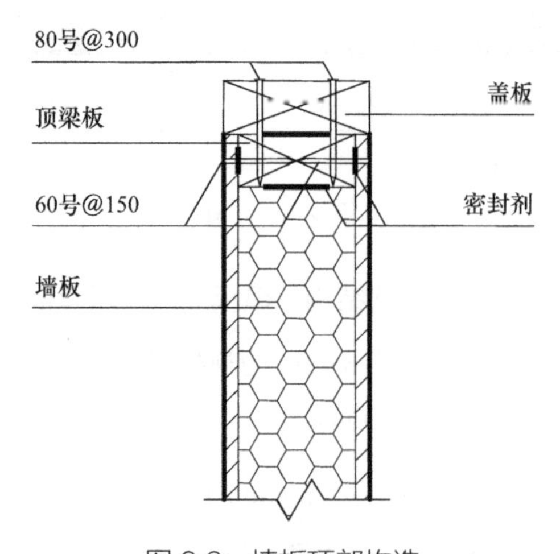

图 6.9　墙板顶部构造

顶梁板、盖板沿墙板方向布置，每根规格材长度方向可用平接头对接，顶梁板接头应位于墙板连接处，顶梁板、盖板接头应错开至少一块墙板的宽度。在顶梁板端部用 3 枚型号为 100 号的钉子垂直地将其钉牢在墙板顶端的封边板上，盖板与顶梁板间用两排型号为 80 号的钉子按间距 300mm 彼此钉牢，如图 6.10 所示。非承重墙可以只设置盖板，采用 1 根规格材，其长度方向的接头也应位于墙板连接处。

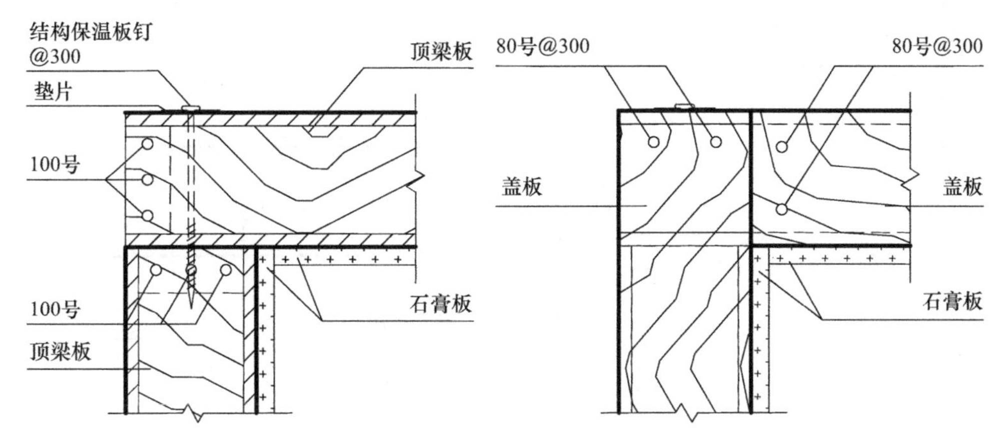

图 6.10　顶梁板、盖板连接

对于结构保温板墙板 T 形连接的情况［图 6.11（*a*）］，需要在内墙端部设置封边板，用一排结构保温板钉按照间距 300mm 将外墙和承重内墙钉牢。结构保温板钉嵌入规格材的深度不得小于 50mm。如果转角设置在墙板连接位置，墙板连接一般采用规格材花键［图 6.11（*b*）］，需要用两排结构保温板钉按照间距 300mm 将外墙和承重内墙钉牢。

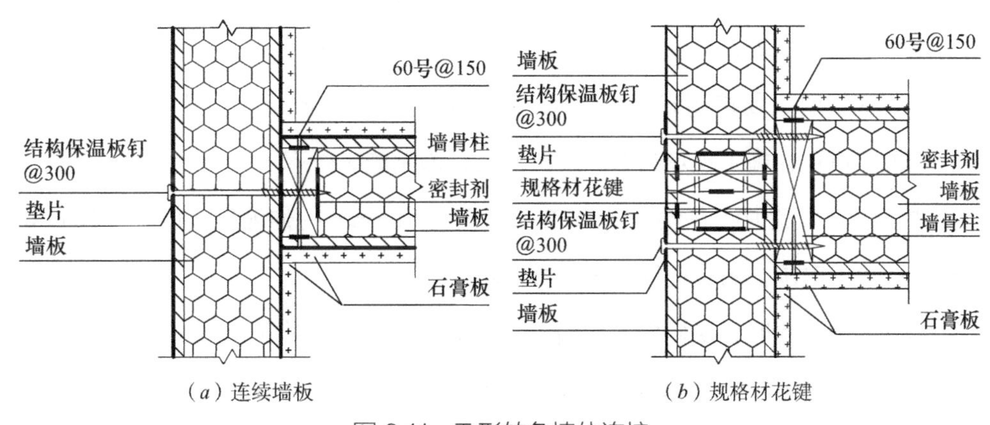

（*a*）连续墙板　　　　（*b*）规格材花键

图 6.11　T 形转角墙体连接

对于结构保温板墙板与非承重内墙（木框架隔墙）连接的情况（图 6.12），应用一排规格为 M5.0 的结构保温板钉按照间距 200mm 将结构保温板墙板与非承重内墙钉牢。

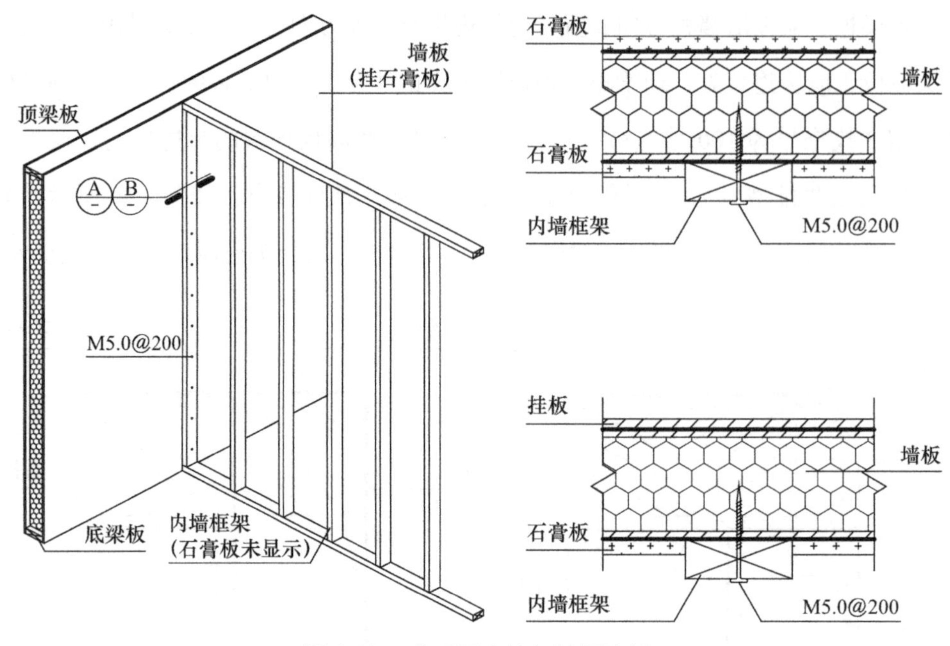

图 6.12　非承重内墙与墙板连接

6.3.3　质量检验

质量检验应符合现行国家标准《木结构工程施工质量验收规范》GB 50206 中的规定。构件制作、安装允许偏差应符合表 6.1 的规定。

6.3.4　施工注意事项

安装墙板时要设置适当的支撑，这将使它们在施工过程中保持安全，刮大风时可以避免墙板倒塌，避免造成财产、生产上的巨大损失。

安装花键时，要控制好花键的尺寸，在花键底端和顶端为底梁板、顶梁板预留出位置，避免在施工现场过多的二次加工，影响施工效率。

调整墙板位置时，花键处的 OSB 面板间保留 3mm 的伸缩缝，以保证在 OSB 出现热胀冷缩时围护结构的连接不会被破坏。

调整墙板位置时，要确保两块墙板间预留的电线管孔对齐。

安装完一块墙板后，安装下一块墙板时，安装工人要与加工工人一起检查、确认下一块即将安装的墙板，保证吊装和施工效率。

由于安装过程中存在的“尺寸蠕变”，安装最后一块墙板前，需要测量安装位置和墙板的尺寸，必要时对最后一块墙板进行修整以完全适合墙面。

墙板安装结束后，用密封剂对缝隙进行密封。最后对整个墙体系统进行仔细检查，确保所有的缝隙是否全部有效密封，圆钉间距及数量满足设计要求。

6.4　门窗洞口连接

6.4.1　施工要求

门窗洞口宽度大于花键间距时，洞口两边托柱应至少用2根规格材，靠洞边的1根可用作门窗托梁的托柱，如图6.13所示。

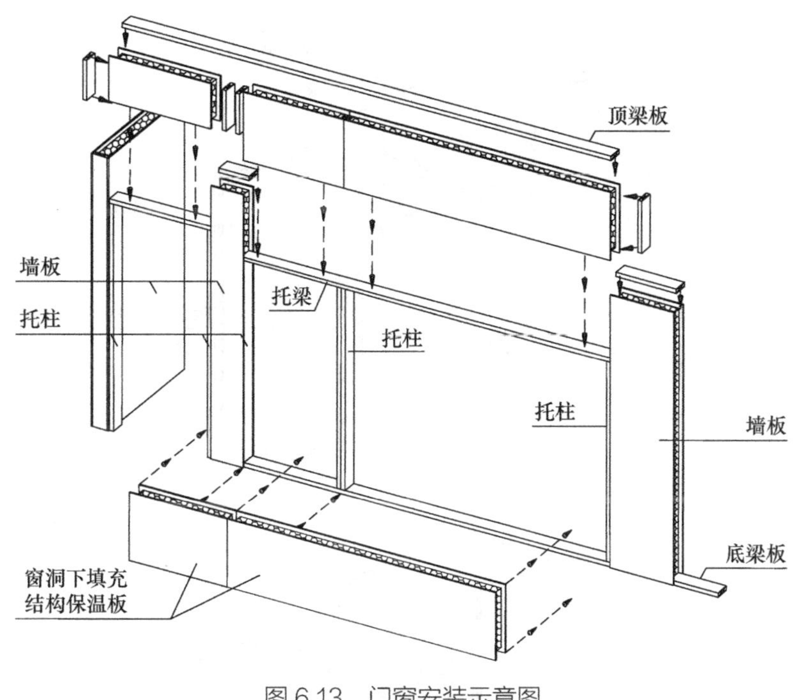

图6.13　门窗安装示意图

承重墙门窗洞口托梁的材质等级、品种及截面尺寸，应符合设计文件的规定。当过梁标高较高，需切断顶梁板时，过梁两端与顶梁板相接处应用厚度不小于3mm的镀锌钢板用钉连接彼此相连。

墙体门窗洞口的实际净尺寸应根据设计文件规定的门窗规格确定。窗洞口的净尺寸宜大于窗框外缘尺寸每边20～25mm；门洞口的净尺寸，其宽度和高度宜分别大于门框外缘尺寸76mm和80mm。

洞口边缘处由数根规格材构成墙骨时，规格材间应用规格为80号的钉子按不大于 750mm 的间距相互钉牢。

6.4.2 施工步骤

结构保温板建筑墙板上较小门窗洞口，一般由工厂根据设计要求加工并运送至施工现场。对于较大的门窗洞口，可以根据设计图纸移走其中一整块墙板设置门洞口，或者通过在顶部、底部分别安装高度较小的墙板设置窗洞口。若施工中采用未切割的墙板，应根据设计图纸确定现场切割的尺寸。当洞口尺寸大于 300mm 时，应设置规格材对洞口进行封边处理。门洞口（图 6.14）与窗洞口（图 6.15）的施工方式基本相同，本节以窗洞口为例，介绍门窗洞口连接的施工步骤，如图 6.16 所示。

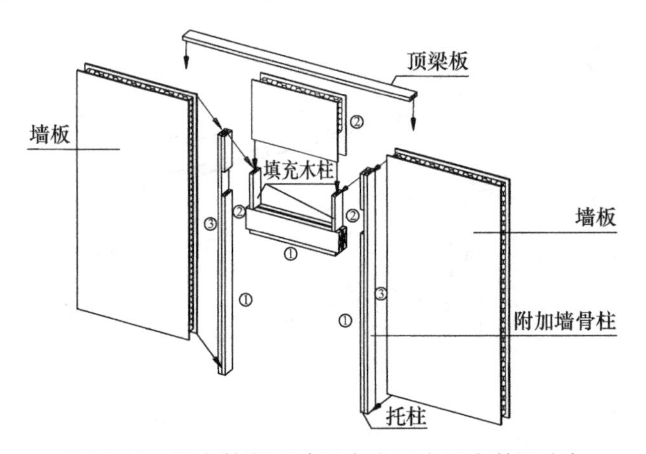

图 6.14　门安装详图（图中序号表示安装顺序）

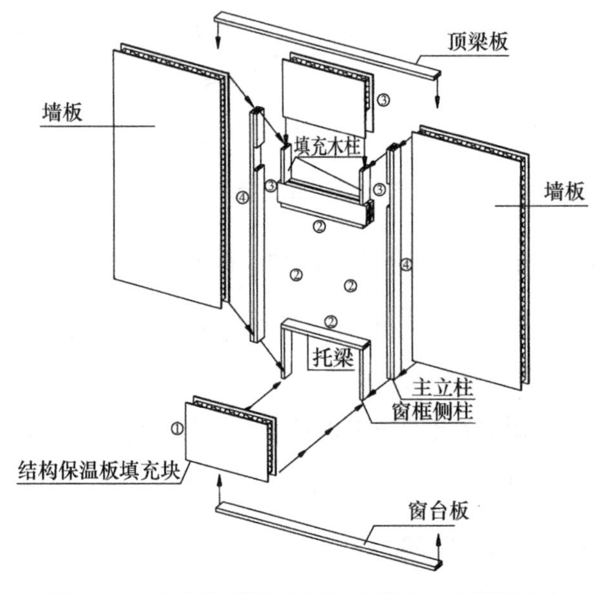

图 6.15　窗安装详图（图中序号表示安装顺序）

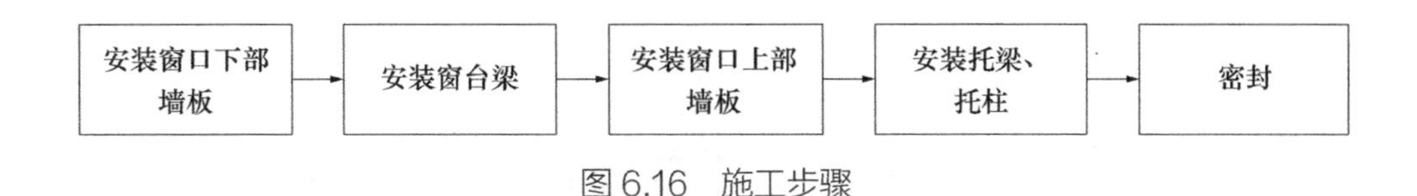

图 6.16　施工步骤

除在现场切割较小的窗洞口外，一般要沿窗洞口两边设置嵌入的规格材作为主立柱，其安装细节见图 6.17。根据设计图纸中确定的窗口尺寸，如门窗洞口在工厂生产时已经预切割好，为组装方便主立柱一般已经预装在门窗洞口的组件上。如果出厂时门窗洞口周围的泡沫没有开槽，可以使用专用泡沫开槽器自行开槽。板材的边缘必须为托柱切割出 38mm 深的凹槽，固定主立柱的钉子应钉入面板。在面板边缘，主立柱既可作室内外装饰，又可为固定窗户用的钉子提供基础。

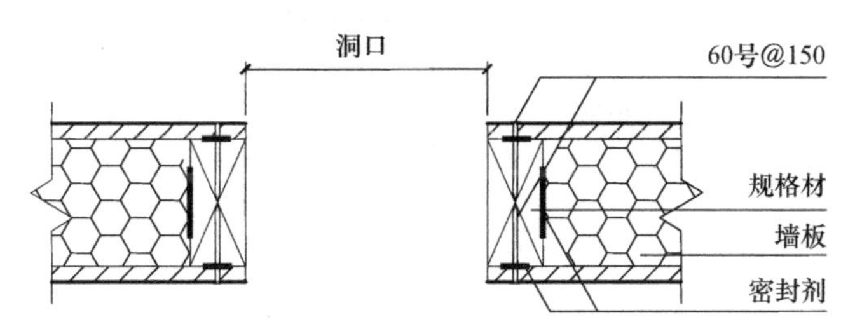

图 6.17　洞口边构造

安装窗口下部墙板。按照施工图纸将密封剂涂抹在窗口下部墙板上，并将其插入已经安装好的墙板内。

安装窗台梁。将密封剂涂抹在 EPS 芯材上，将窗台梁安装在窗口下部墙板的凹槽内，用规格为 60 号的钉子按照间距 150mm 将其固定在墙板上，如图 6.18 所示。

安装窗口上部墙板。在窗口上部墙板四周涂抹板材胶粘剂后，将其提升超过墙高，再降低其高度插入指定位置，并确保它与相邻墙体平齐。

安装托梁、托柱。将板材胶粘涂抹在 EPS 芯材上，将托梁安装在窗口上部墙板的底部凹槽内，用规格为 60 号的钉子按照间距 150mm 将其固定在墙板上。最后在窗洞口侧面安装竖向托柱，将其用规格为 80 号的钉子按不大于 750mm 的间距钉在主立柱上。

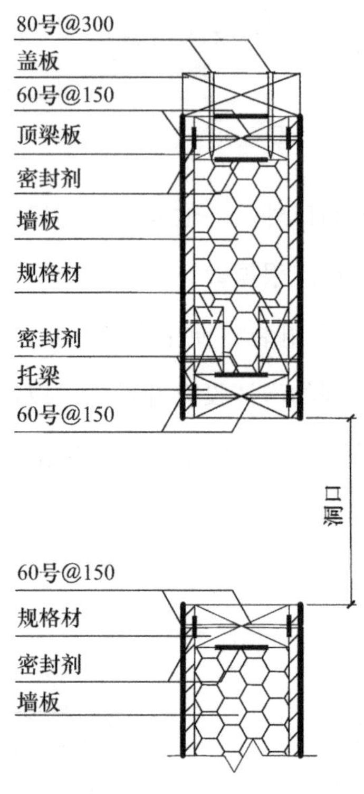

图 6.18　洞口上下部构造

6.4.3　质量检验

质量检验应符合现行国家标准《木结构工程施工质量验收规范》GB 50206 中的规定。构件制作、安装允许偏差应符合表 6.1 的规定。

6.4.4　施工注意事项

安装窗口下部和上部墙板时，要调整其位置以确保与相邻墙体在竖直和水平方向上平齐。

6.5　墙体防潮处理

墙体是建筑物抵抗环境侵袭不可或缺的一部分。墙体设计和结构的细部处理对于防止损害性水分的集聚至关重要，无论水分源自建筑的外部还是内部。本部分给出了结构保温板墙体结构的主要水分渗透来源，并介绍了防止水分渗透的防潮处理措施，主要帮助了解如何保护结构保温板建筑不受水分渗透的损害。

6.5.1　水分渗透的原因

造成建筑损害的最主要原因是水通过建筑结构的外层渗入其中。水分渗透的原因包括以下几种：

1）泛水板设计不当；

2）防水透气膜的安装不当；

3）墙体结合或贯通部分设计不佳或施工不当。

木材能够吸收、散布和消散少量水分，尤其是间歇性水汽。当设计或施工出现错误，使得水分以超过墙体能够对其进行吸收和排除的速度进入墙体空隙时，问题便会出现。

6.5.2　防潮处理措施

（1）泛水板

泛水板使用厚度较小的防腐蚀材料制成，通常与其他构造措施一起合用，以防止墙体连接处、窗和门的开口处以及贯穿部位的水分渗漏。泛水板通常以镀锌的钢、铜、铝、铅或乙烯塑料材料制成。作为小的墙体贯穿结构，例如排气孔等，通常采用定制的泛水板来代替普通泛水板，以满足其不规则形状的要求。

泛水板导引水分从建筑结构的顶部流向墙体外表面之外。多数泛水板的上缘均从防水透气膜下面穿过；防水透气膜的上层遮住泛水板下层，且泛水板的下缘总是与墙体防水透气膜的上表面相重叠。这使得泛水板成为一整套防御风雨侵袭系统的一部分，该系统不断地将水分从建筑结构的顶部导引向下，向外流出。

图 6.19 为当结构保温板墙体采用不同饰面勒脚结构时的典型泛水板结构细部处理。

（2）防水透气膜

防水透气膜为建筑物外墙提供了防止水分渗入的第二道防线。这类产品的材料与人工成本相对较低，为结构组件提供保护，减少了水分渗透带来的房屋耐久性下降的风险。但是，这类隔层的安装必须适当，才能防止水分沿墙体表面下渗，或进入墙体空隙。

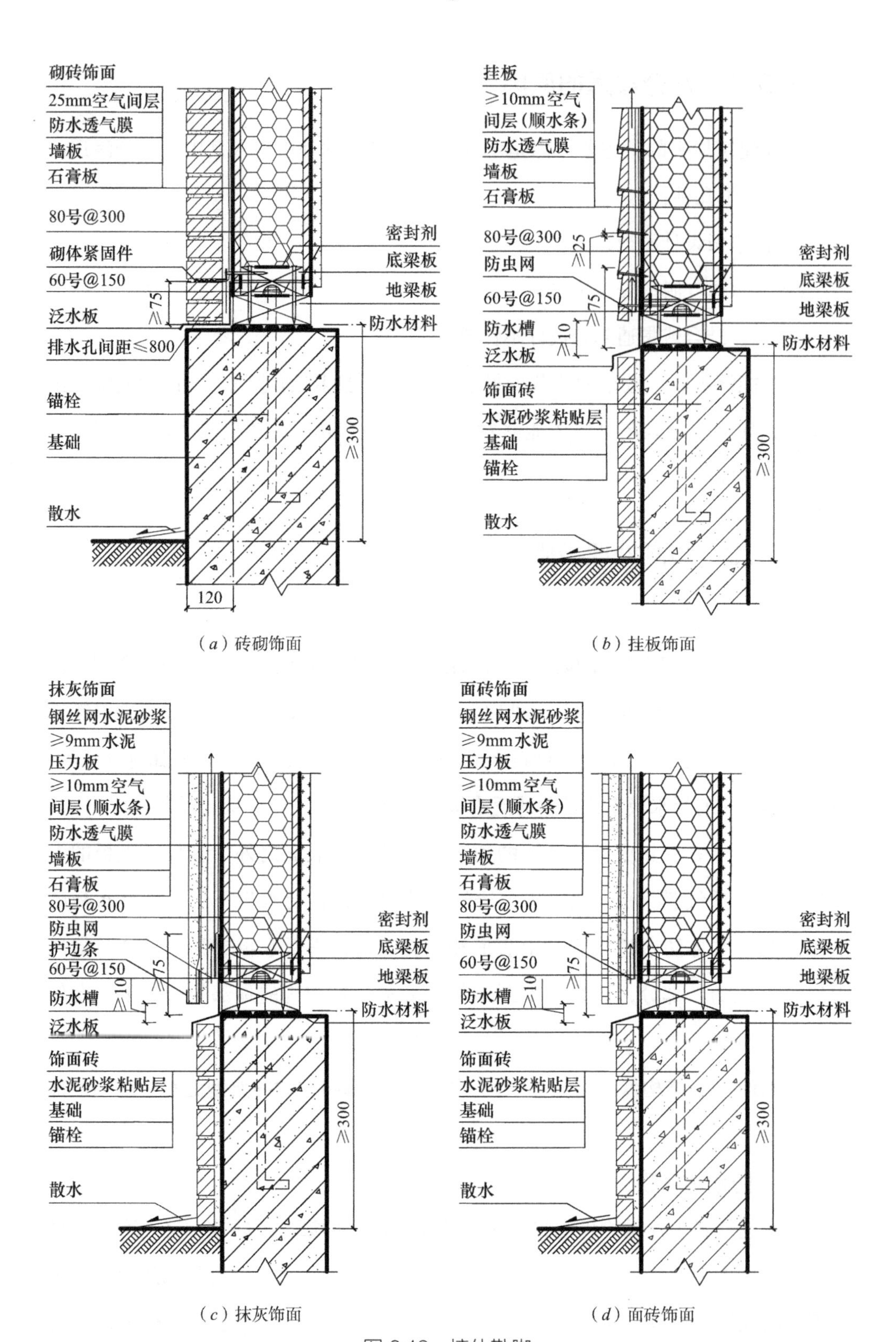

砌砖饰面
25mm空气间层
防水透气膜
墙板
石膏板
80号@300
砌体紧固件
60号@150
泛水板
排水孔间距≤800
锚栓
基础
散水
密封剂
底梁板
地梁板
防水材料
≥75
≥300
120
(a) 砖砌饰面
挂板
≥10mm空气
间层(顺水条)
防水透气膜
墙板
石膏板
80号@300
防虫网
60号@150
防水槽
泛水板
饰面砖
水泥砂浆粘贴层
基础
锚栓
散水
≥25
≥75
≥10
密封剂
底梁板
地梁板
防水材料
≥300
(b) 挂板饰面
抹灰饰面
钢丝网水泥砂浆
≥9mm水泥
压力板
≥10mm空气
间层(顺水条)
防水透气膜
墙板
石膏板
80号@300
防虫网
护边条
60号@150
防水槽
泛水板
饰面砖
水泥砂浆粘贴层
基础
锚栓
散水
≥75
≥10
密封剂
底梁板
地梁板
防水材料
≥300
(c) 抹灰饰面
面砖饰面
钢丝网水泥砂浆
≥9mm水泥
压力板
≥10mm空气
间层(顺水条)
防水透气膜
墙板
石膏板
80号@300
防虫网
60号@150
防水槽
泛水板
饰面砖
水泥砂浆粘贴层
基础
锚栓
散水
≥75
≥10
密封剂
底梁板
地梁板
防水材料
≥300
(d) 面砖饰面

图 6.19　墙体勒脚

防水透气膜的基本原理在于提供一个连续的屏障，将水分从结构墙体表面泄离。这是通过将防水透气膜相互层叠地铺在外墙表面和结构衬板之间。它与安装适当的泛水板一起，将大部分渗漏的水分导引至木质结构板材之外。该原则还适用于贯穿墙体的结构，例如门窗、上下水管道龙头、电线盒、壁式空调和电器排气孔；与水平表面的接合处，例如露台和悬臂式阳台，以及屋顶至墙体的斜面。在上述情况下尤为重要的是确保水分不会沿泛水板流进下方的结构组件或进入墙体孔隙。图 6.19 说明了防水透气膜和泛水板如何相互配合，水分如何从防水透气膜表面流下经泛水板导引至外墙之外。

防水透气膜最宽每卷 2.75m，在施工中可用来缠绕粘贴整个房屋外表面，由于其尺寸较大，所以安装速度加快，减少了需要密封的边缝数目。该材料用作空气阻隔时，所有的裂口、边缝、贯穿处和损坏的地方必须用特殊的、背面有粘胶的边缝胶带进行修补。图 6.20、图 6.21 显示了防水透气膜搭接处理方法及在门窗洞口等开口处的正确密封方法。

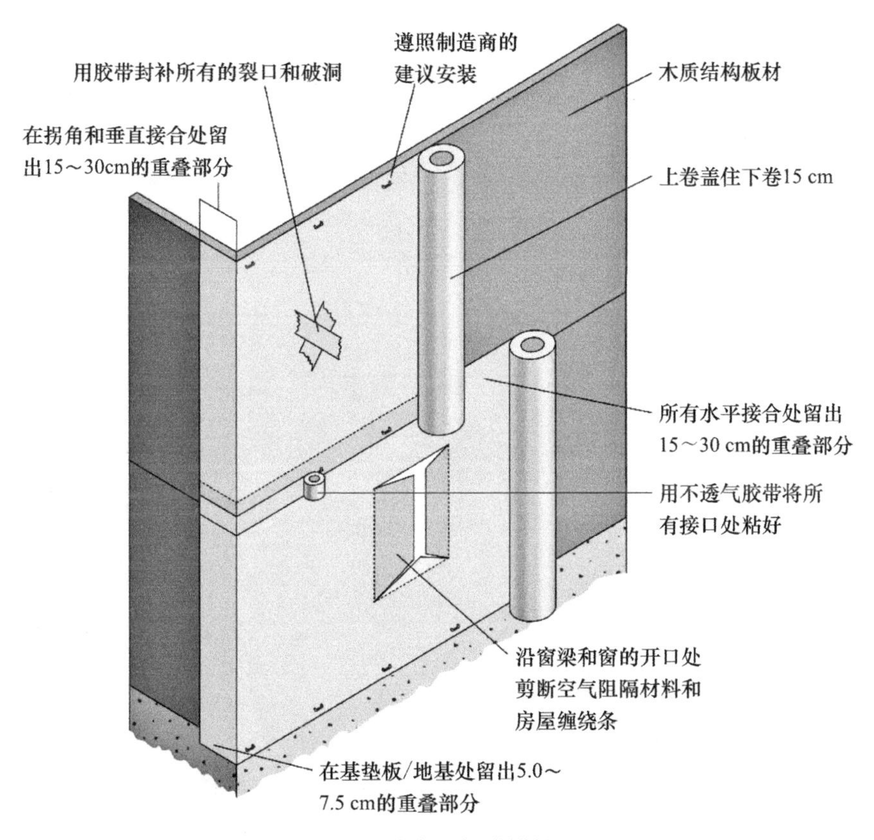

图 6.20　防水透气膜搭接处理

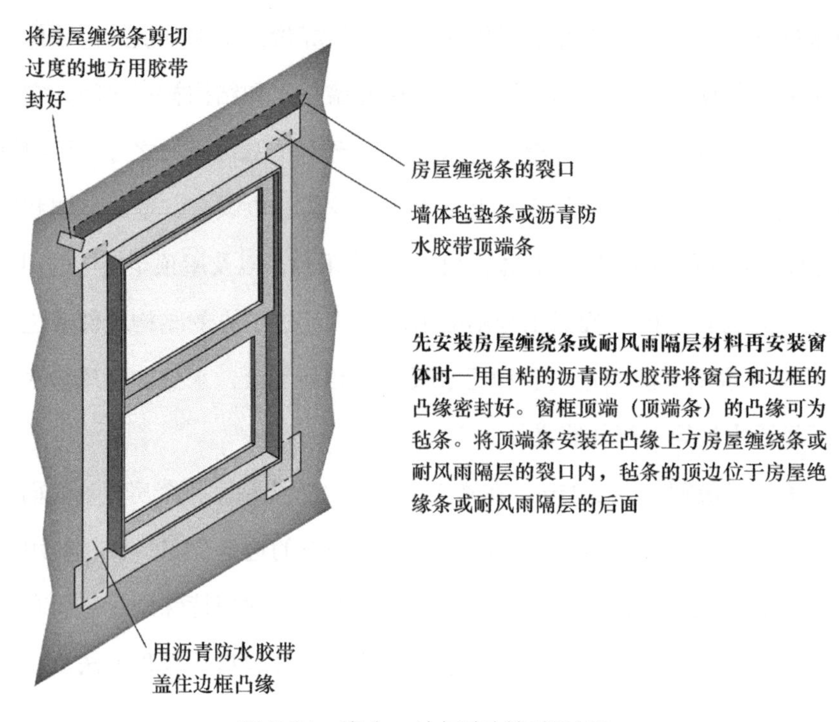

图 6.21　窗台、边框密封细部处理

第7章

楼板施工

7.1 首层木楼盖与基础连接

当无地下室时，结构保温板建筑的首层地面一般采用整浇的混凝土地坪。当使用木搁栅楼盖作为首层地面时，一般采用木楼盖搭接在基础墙和地梁板上的形式，如图 7.1 所示。这种情况下，一般先安装首层木楼盖，再安装首层墙板。

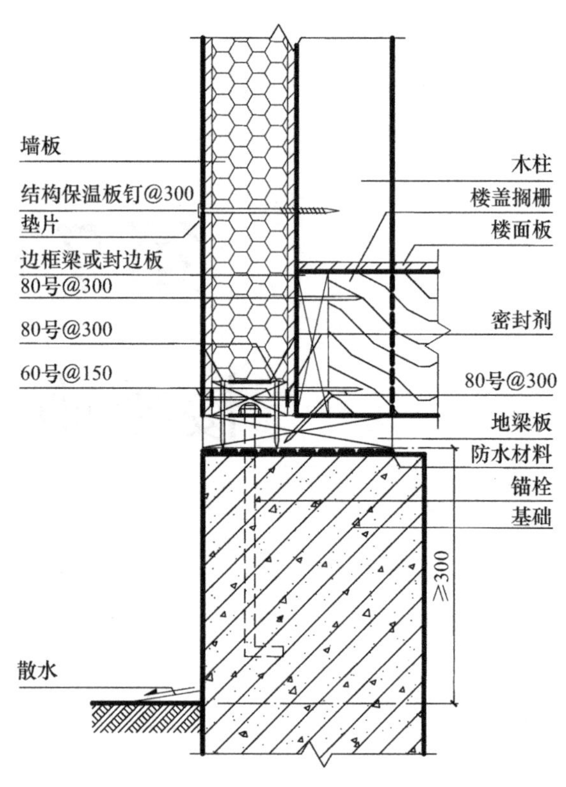

图 7.1　首层木楼盖与基础连接

7.1.1 施工要求

无地下室时，首层楼盖也应架空，楼盖底部与楼盖下的地面间应留有净空高度不小于 150mm 的空间。在架空空间高度内的内外墙基础上应设通风洞口，通风口总面积不宜小于楼盖面积的 1/150，且不宜设在同一基础墙上，通风口外侧应设百叶窗。

基础墙的宽度要允许能够同时安装地梁板和木楼盖，并保证一定的搭接距离。搁栅支承在地梁板上时，其支承长度不应小于 40mm。

木楼盖施工应按设计文件的规定布置和安装木搁栅封头、封边搁栅，以及搁栅和梁的各类支撑。楼盖的封头搁栅和封边搁栅，应设在地梁板上。支承处的木材应防腐处理，支承面间应设防潮层。

除设计文件规定外，搁栅间距不应大于610mm。搁栅间距的整数倍应与楼面板标准规格的长、宽尺寸一致，并应使楼面板的接缝位于搁栅厚度的中心位置。

当首层楼盖的搁栅或木梁必须支承在混凝土构件或砖墙上时，搁栅或木梁两侧及端头与混凝土构件或砖墙间应留有不小于20mm的间隙，且应与大气相通。

当搁栅间设置木底撑、剪刀撑时，或者搁栅采用工字形木搁栅时，应符合现行国家标准《木结构工程施工规范》GB/T 50772中的规定。

楼面板（一般为OSB板）应覆盖至封头或封边搁栅的外边缘，宜整张（一般尺寸为1220mm×2440mm）钉合。设计文件未作规定时，楼面板的长度方向应垂直于木搁栅，板带长度方向的接缝应位于搁栅轴线上，相邻板间应留3mm缝隙；板带间宽度方向的接缝应错开布置。楼面板厚度不应小于表7.1中的规定。铺钉楼面板时，可从楼盖一角开始，板面排列应整齐划一。

OSB楼面板的最小厚度　　表7.1

搁栅最大间距（mm）	OSB的最小厚度（mm）	
	$Q_k \leqslant 2.5kN/m^2$	$2.5kN/m^2 \leqslant Q_k \leqslant 5.0kN/m^2$
400	15	15
500	15	18
600	18	22

7.1.2　施工步骤

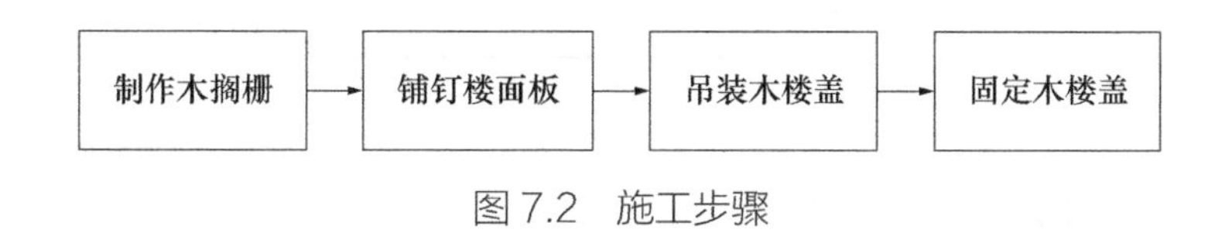

图7.2　施工步骤

制作木搁栅。先将封头搁栅和封边搁栅拼成一个搁栅框架，在其端部用3枚型号为80号的钉子彼此钉牢。将其他木搁栅按照设计图纸依次放入搁栅框架内，在钉牢前调整搁栅垂直度。封头搁栅应贴紧楼盖搁栅顶端，并应用3枚长度为80

号的钉子彼此钉牢。

铺钉楼面板。在搁栅上涂刷弹性胶粘剂（液体钉），从楼盖的一角开始，依次将楼面板固定在木搁栅上。

吊装木楼盖。施工放样时，应在地梁板上标记出搁栅中心线的位置，然后使用吊车将木楼盖吊装在地梁板合适位置上。

固定木楼盖。在封边搁栅处，将搁栅用型号为 80 号的钉子按照间距 300mm 斜向钉在地梁板上。

7.1.3 质量检验

结构保温板建筑楼盖的质量检验应符合现行国家标准《木结构工程施工质量验收规范》GB 50206 中的规定。木搁栅楼盖的制作、安装允许偏差应符合表 7.2 的规定。

木搁栅楼盖的制作、安装允许偏差　　表 7.2

序号	检查项目		允许值或允许偏差		检查方法
			单位	数值	
1	楼盖	搁栅间距	mm	±10	钢尺量
2		楼盖整体水平度（以房间短边计）	mm	±1/250	水平尺量
3		楼盖局部水平度（以每米长度计）	mm	±1/150	水平尺量
4		搁栅截面高度	mm	±3	钢尺量
5		搁栅支承长度	mm	−6	钢尺量
6		规定的钉间距	mm	＋30	钢尺量
7		钉头嵌入楼面板深度	mm	＋3	卡尺量
8		板间隙	mm	±1.5	卡尺量
9		任意三根搁栅顶面间的高差	mm	±1.5	卡尺量

7.1.4 施工注意事项

制作木搁栅时，在最终固定木搁栅前，要确保木搁栅的垂直度符合要求。

未铺钉楼面板前，不得在搁栅上堆放重物。搁栅间未设支撑前，人员不得在其上走动。

吊装木楼盖时，要按照施工方案布置吊装点，防止破坏木搁栅间的连接。

7.2 楼板与墙板连接

首层墙板全部安装完成后，应安装上层楼板。楼板与墙板的连接，一般采用将楼板直接安装在下层墙板的盖板上的形式，如图 7.3 和图 7.4 所示。

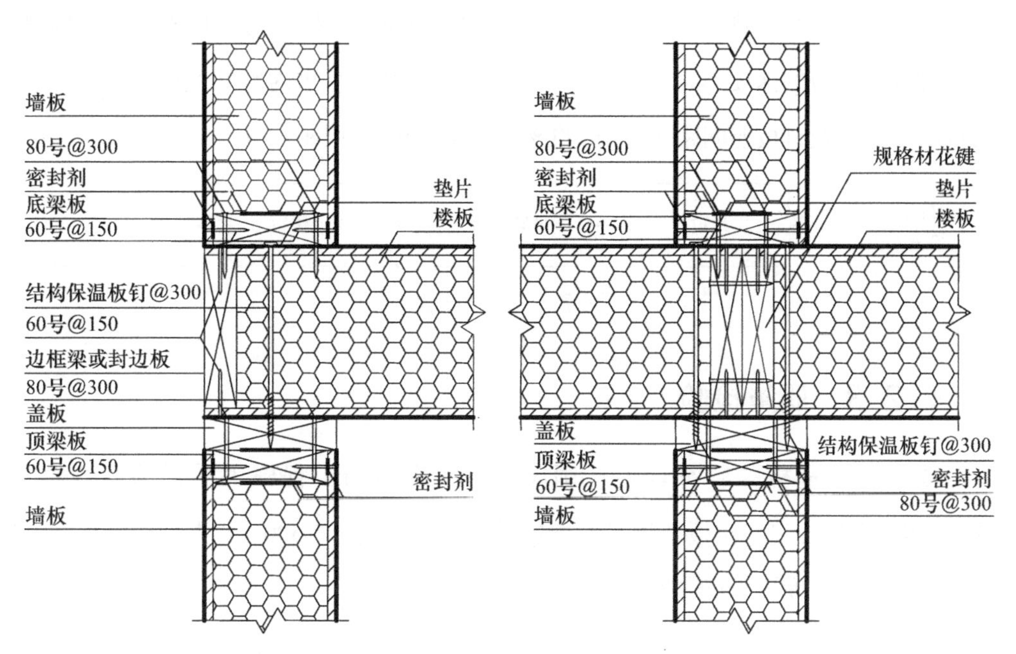

图 7.3 楼板与外墙连接

图 7.4 楼板与承重内墙连接

7.2.1 施工要求

吊装楼板前，应清理盖板上的碎屑，以保证楼板与墙板紧密连接。

若采用木搁栅楼盖，应符合现行国家标准《木结构工程施工规范》GB/T 50772 中的规定。

7.2.2 施工步骤

挑选、检查楼板。在安装楼板前，对照板材拼接图检查楼板尺寸，并检查楼板端部是否有匹配封边板的凹槽，凹槽深度为 38mm。同时检查和修复面板被损坏的区域。

封边。首先在封边板上涂抹密封剂，将封边板嵌入凹槽中，用型号为60号的钉子按间距150mm将封边板和楼板钉牢。

吊装楼板。吊装楼板前，应在盖板上标记出楼板的安装位置，并在盖板上涂抹密封剂。按照施工方案将楼板吊装在合适位置并进行人工调整，将楼板放置在准确的安装位置。当楼板安装在承重内墙的盖板上时，应将板材用规格材花键连接（具体要求详见6.3节）后再吊装楼板，要特别注意楼板的吊装位置。

固定楼板。用一排结构保温板钉按照间距300mm将楼板与盖板固定，结构保温板钉嵌入盖板的深度不得小于50mm。当楼板安装在承重内墙的盖板上时，应用两排结构保温板钉按照间距300mm将楼板与盖板固定（图7.5）。

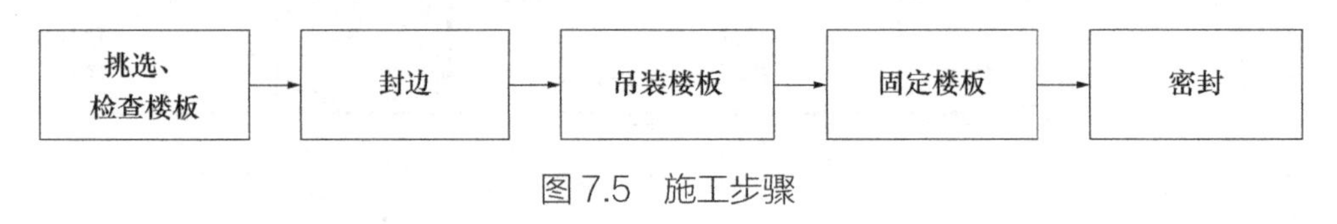

图7.5　施工步骤

7.2.3　质量检验

楼板的质量检验应符合现行国家标准《木结构工程施工质量验收规范》GB 50206中的规定。楼板整体平面弯曲的允许偏差为$L/1500$（L为结构保温板结构平面长度或宽度），且不应大于10mm。

7.2.4　施工注意事项

楼板安装时，应按照施工方案设施支撑，以确保施工安全。

楼板吊装过程中，施工人员要与吊装人员保持良好的配合，确保施工人员安全。起重板可以暂时保留在楼板上，以方便施工人员调整楼板位置。

7.3　楼板与支承构件连接

楼板连接方式与墙板连接方式相同（具体要求详见6.3节）。当按照设计要求楼板下部存在支承构件时，楼板与支承构件的连接一般采用将楼板支承在木梁或钢梁上的形式，如图7.6和图7.7所示。

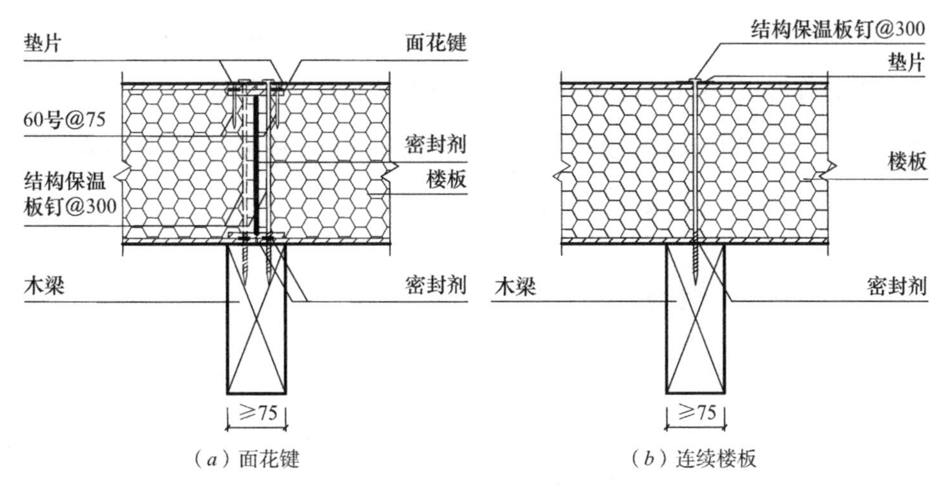

（a）面花键　　（b）连续楼板

图7.6 楼板与木梁连接

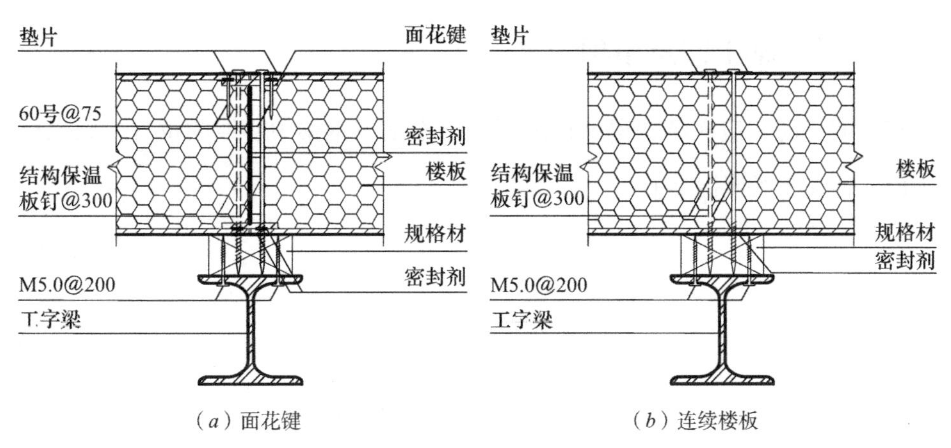

（a）面花键　　（b）连续楼板

图7.7 楼板与钢梁连接

7.3.1 施工要求

木梁或钢梁的材料性质与各项参数应符合设计要求。

木梁或钢梁应支承在墙板中的花键处，其支承长度不得小于90mm。

当楼板采用面花键连接时，花键处接缝应位于木梁或钢梁中心。

7.3.2 施工步骤

当连续楼板与木梁连接时，用一排结构保温板钉按照间距300mm将楼板和木梁固定，结构保温板钉嵌入木梁的深度不得小于50mm。当采用面花键连接的楼板与木梁连接时，先安装楼板中的花键，用型号为60号的钉子按照间距75mm固定花键，最后用两排结构保温板钉按照间距300mm交错钉入，将楼板和木梁固定。

当连续楼板与钢梁连接时，应在钢梁上放置一根规格材，先用两排型号为M5.0的结构保温板钉或螺栓按照间距200mm将规格材与钢梁固定，最后用两排结构保温板钉按照间距300mm交错钉入，将楼板和规格材固定。当采用面花键连接的楼板与钢梁连接时，先安装楼板中的花键，要求同上。

7.3.3 质量检验

楼板的质量检验应符合现行国家标准《木结构工程施工质量验收规范》GB 50206中的规定。楼板整体平面弯曲的允许偏差为$L/1500$（L为结构保温板结构平面长度或宽度），且不应大于10mm。

7.3.4 施工注意事项

施工放样时，应在结构保温板上标记出木梁或钢梁中心线的位置，确保楼板准确地放置在木梁或钢梁上。

第8章

屋面板施工

8.1 屋面板与墙板连接

8.1.1 施工要求

安装前应确保板材干燥，要清除墙板及屋面板上的碎屑，以保证安装的密封性。并且检查结构保温板的面板是否损坏，如果损害处对相邻部位影响较大，要对其进行修复。

安装屋面板前应检查墙板垂直度，确保下层墙板垂直牢固。

在吊装屋面板之前应确保布线槽已设置好，屋面板安装完成后，确保所有板材的边缘已安装封边板。

对于屋面板应采用多点吊装，屋面板上应设有明显的吊点标志。吊装过程应平稳，安装时应设置必要的临时支撑。

当屋面板尺寸较大时，设置檩条、木椽等支承构件是必要的，这些支承构件为从屋脊跨到屋檐的屋面板起到辅助支撑作用，见图 8.1，也可以作为尺寸较小的屋面板的支撑点，见图 8.2。有时要用木椽代替檩条，屋面板可以沿与屋脊平行的方向布置，见图8.3。檩条、木椽的施工应符合现行国家标准《木结构工程施工规范》GB/T 50772 中的规定。在安装屋面板前，屋面板的支承构件如檩条、木椽等应已在指定位置安装牢固并密封。

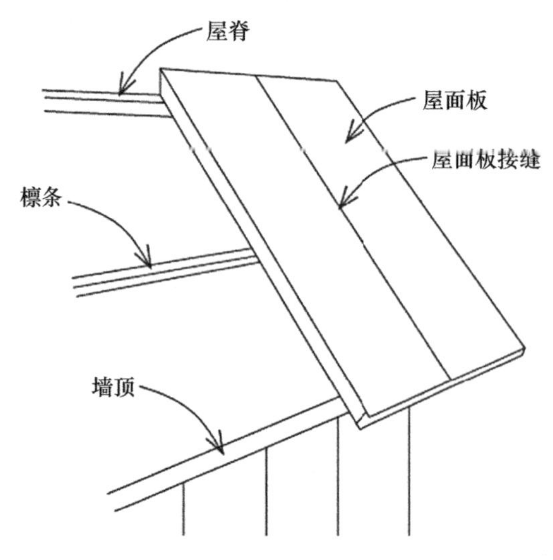

图 8.1　长屋面板组成的屋面

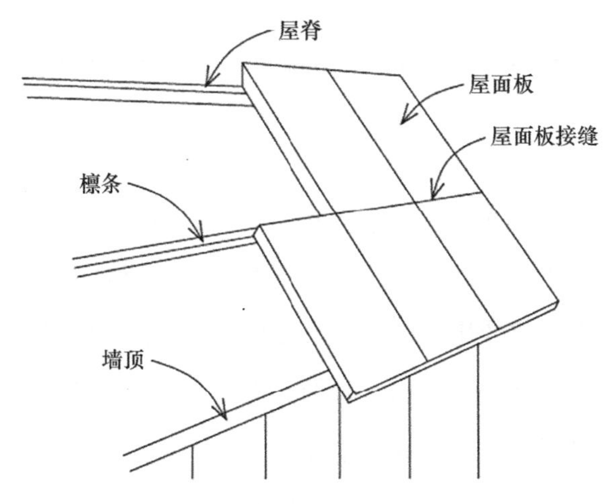

图 8.2 两层屋面板组成的屋面

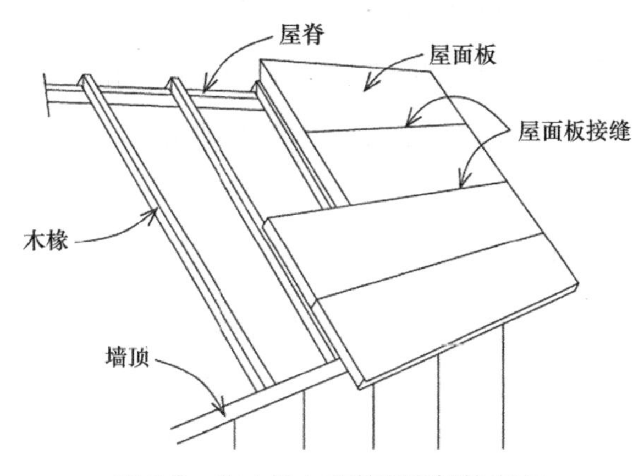

图 8.3 在木椽上安装屋面板的屋面

屋面板用木椽或檩条作支撑时，屋面板与屋面板之间用花键连接。除悬挑面板外所有的板材端部要有支承构件，用钉子将屋面板端部固定在支承构件上。最后应用密封剂密封，面板接缝处的内外侧都要用 SIP 密封带进行密封。

8.1.2 施工步骤

屋面板的安装与墙板、楼板的安装基本上遵循相同的过程，如板材封边、板材连接、板材与其他构件连接等，但在细节方面存在差异。屋面板安装一般在墙面板全部安装完成后进行，这将确保屋面板的重量不会导致整个建筑的产生较大的变形，为吊装屋面板时设置临时支撑提供便利，并且更容易将挑檐安装在正确的位置。某些情况下，在所有墙板全部安装完成前安装屋面板是有利的，屋顶的防潮处理可以对整个建筑形成临时保护，但是会影响到挑檐和墙板的安装和密封。

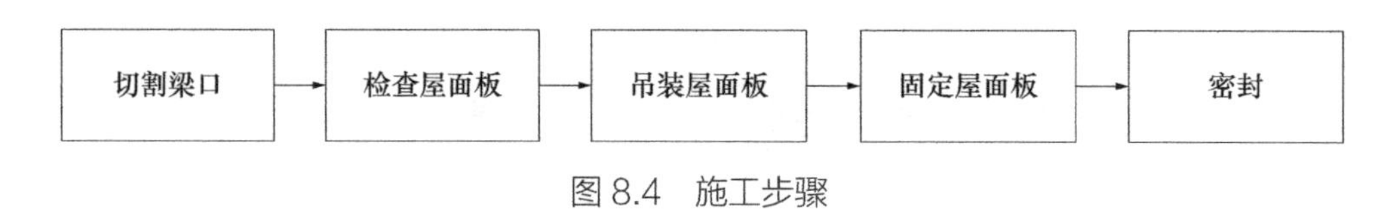

图 8.4　施工步骤

切割梁口。屋面板通常需要屋脊梁来支撑。较大的屋顶需要设置檩条、木椽等中间支撑，这些中间支撑也通常支撑在屋脊梁上。屋脊梁一般在梁口嵌入到屋面板中。对屋脊梁起支撑作用的构件一般为花键，或者单独设置木柱。在安装时，应在下层墙板中制作凹槽用于插接。屋脊梁应准确地安装在花键或者木柱上，确保屋脊梁的力学作用能够充分发挥。施工图纸中可能还设有中间支撑，必要时需要安装临时剪刀撑，以防止梁在安装过程中出现移动。

检查屋面板。根据设计图纸检查将要吊装的屋面板尺寸与规格。由于屋面板、安装好的屋脊梁和墙板可能与设计图纸略有不同，在安装时应验证从屋顶到屋檐的长度与屋面板长度，确保挑檐的端部能够平齐，必要时可以对屋面板进行切割。

吊装屋面板。吊装屋面板前应在屋脊梁等支承构件上用粉笔画出屋面板的安装位置。如果需要设置椽条和木椽，应先将其安装到位。将花键插入屋面板这道工序可在加工区或安装区完成。使用起重板吊装屋面板是一种简单高效的方法，见图 8.5。应分别从屋顶的两侧交替放置屋面板，这样可使屋顶两侧质量分布均匀，有助于防止屋脊梁潜在的弯曲。在吊装时，根据设计图纸来确定采用平行于屋脊还是垂直于屋脊的方式安装屋面板。当屋面板平行于屋脊布置时，应测量用于挑檐的第一块屋面板的宽度，减去悬挑距离，以确保最上层屋面板能够合适地安装；当屋面板垂直于屋脊布置时，应沿着山墙的一端安装第一块屋面板。

固定屋面板。和其他建筑形式一样，结构保温板建筑的屋顶有坡屋顶和平屋顶两种形式。当采用坡屋顶形式时，屋面板需要以一定坡度安装在墙板上，可以采取设置垫块［图 8.6（*a*）］和设置斜接头［图 8.6（*b*）］两种形式，用结构保温板钉按照间距 300mm 将屋面板固定在墙板上。设置垫块时，下层墙板可以切割成矩形，并和与屋顶角度一样的三角形垫块配合使用，用两排型号为 80 号的钉子按照间距 300mm 分别将垫块和屋面板、盖板连接固定；设置斜接头时，与屋面板相连的墙体顶端要按屋顶坡度切割，顶梁板与盖板也要与屋顶坡度适配。当采用平屋顶形式（图 8.7）时，安装较为便捷，只需要在屋面板吊装到位后用结构保温板钉按照间距 300mm 将屋面板固定在墙板上。相邻屋面板间应保留 3mm 的缝隙。

密封。屋面板固定完成后，为防止潮气从缝隙渗入，应使用 SIP 密封带对所有的板材接缝进行密封。斜接头处的较大缝隙可以用膨胀泡沫密封剂进行密封。屋面应依据相关标准规范进行防水设计和施工。

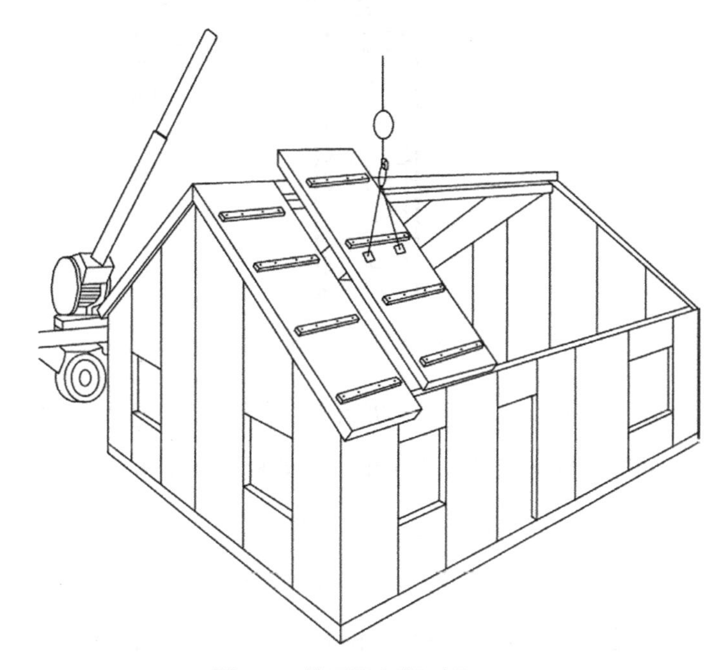

图 8.5 将屋面板提升至屋顶

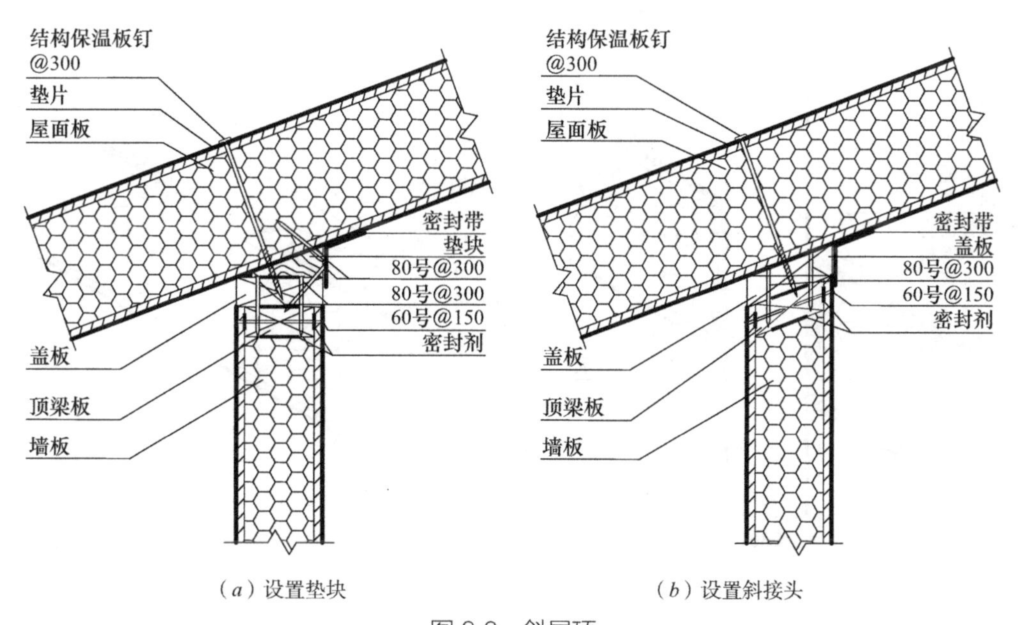

（a）设置垫块　（b）设置斜接头

图 8.6 斜屋顶

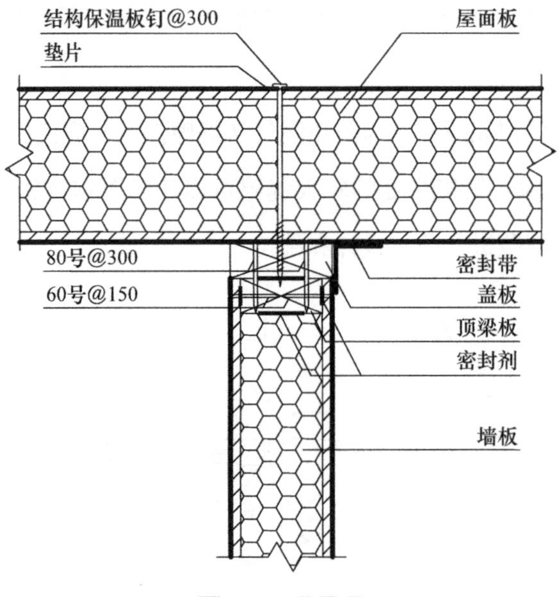

图 8.7　平屋顶

当屋面板设置开口时，如天窗、老虎窗等，在设计时必须仔细考虑结构荷载、密封性、防火等问题。屋面板开口施工细节与墙板开口基本相同，但应谨慎地按照设计图纸做好防水处理。老虎窗可以在地面预先组装好，然后用起重机吊起并安装在预先准备好的开口处。除采光外，促进结构保温板建筑内部通风也可以通过设置屋顶开口实现，如设置屋盖穿管［图 8.8（*a*）］和通风帽［图 8.8（*b*）］。

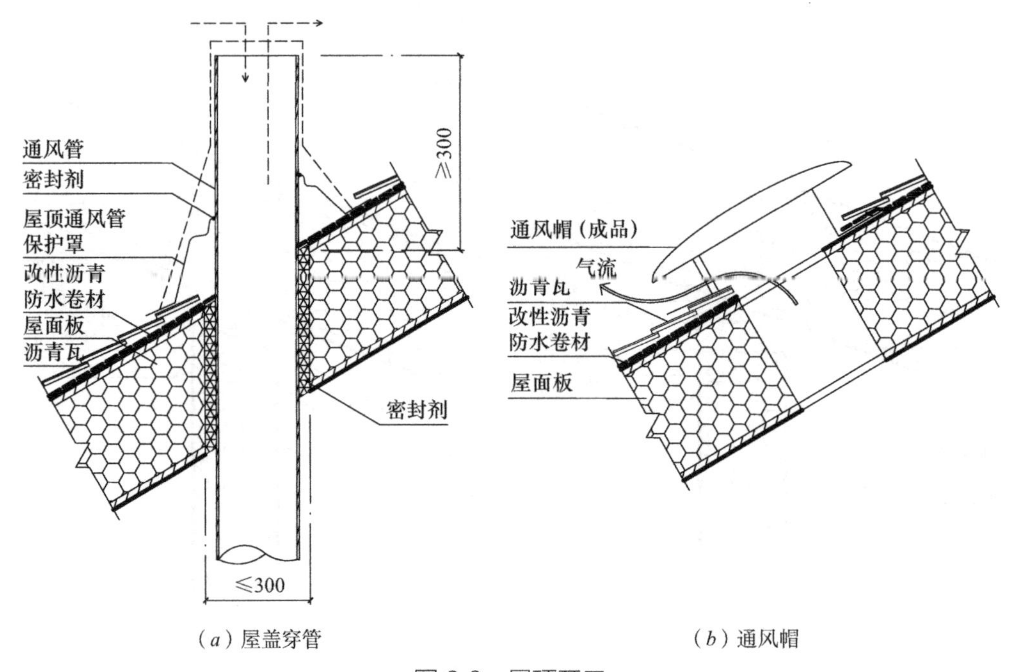

（*a*）屋盖穿管　　（*b*）通风帽

图 8.8　屋顶开口

8.1.3 质量检验

结构保温板建筑屋面板的质量检验应符合现行国家《木结构工程施工质量验收规范》GB 50206 中的规定。屋面木构架的制作、安装允许偏差应符合表 8.1 的规定。屋面板整体平面弯曲的允许偏差为 $L/1500$（L 为结构保温板结构平面长度或宽度），且不应大于 10mm。

屋面木构架的制作、安装允许偏差　　表 8.1

<table>
<tr><th rowspan="2">序号</th><th rowspan="2" colspan="2">检查项目</th><th colspan="2">允许值或允许偏差</th><th rowspan="2">检查方法</th></tr>
<tr><th>单位</th><th>数值</th></tr>
<tr><td rowspan="5">1</td><td rowspan="5">檩条、木椽</td><td>方木、胶合木截面</td><td>mm</td><td>−2</td><td>钢尺量</td></tr>
<tr><td>原木梢径</td><td>mm</td><td>−5</td><td>钢尺量，椭圆时取大小径平均值</td></tr>
<tr><td>间距</td><td>mm</td><td>−10</td><td>钢尺量</td></tr>
<tr><td>方木、胶合木上表面平直</td><td>mm</td><td>4</td><td rowspan="2">沿坡拉线钢尺量</td></tr>
<tr><td>原木上表面平直</td><td>mm</td><td>7</td></tr>
<tr><td>2</td><td colspan="2">油毡搭接宽度</td><td>mm</td><td>−10</td><td rowspan="2">钢尺量</td></tr>
<tr><td>3</td><td colspan="2">挂瓦条间距</td><td>mm</td><td>±5</td></tr>
<tr><td rowspan="2">4</td><td rowspan="2">封山、封檐板平直</td><td>下边缘</td><td>mm</td><td>5</td><td rowspan="2">拉 10m 线，不足 10m 拉通线，钢尺量</td></tr>
<tr><td>表面</td><td>mm</td><td>8</td></tr>
</table>

结构保温板应紧贴承重结构构件，不应松动、滑移。检查数量为全数的 10%，且不应少于 3 个，检验方法为观察并用小锤敲击检查。

8.1.4 注意事项

在吊装屋面板之前，要确定好屋面板的吊装顺序，并检查屋面板上的索具是否松动，对于松动部位应立即加固。在吊装时，最好雇用具有结构保温板吊装经验的起重操作员。吊装时屋面板下请勿站人以确保施工安全。

安装屋面板时，椽条、檩条、屋脊梁等木框架结构隐藏在板材下方。此时应将屋面板准确地固定在木框架上，以避免结构保温板钉无法钉入木材中。可使用粉笔线或其他方法来确定隐藏的椽条、檩条、板、屋脊梁等的中心线位置，确保将结构保温板钉固定在支承构件的中心。

为了使相邻屋面板更容易放置，在安装相邻屋面板之前，不要使用结构保温板钉完全固定已安装好的屋面板。这样做可能会压缩边缘，使邻近的屋面板难以放置。完全固定好第一组屋面板之后，结构保温板钉应与屋面板表面平齐，不能向上凸出或陷入 OSB 面板。

屋面板安装完成之后应立即进行装饰，避免表面受潮。

8.2 屋脊和屋谷

8.2.1 施工要求

屋脊施工应根据具体项目的荷载和跨度情况来选择连接方式。当屋檐是悬挑屋檐时，顶部用规格材花键连接形成屋脊，采用这种屋脊形式时要满足荷载和跨度要求。

在屋脊处一般设有屋脊梁起支撑作用。在安装屋脊面板之前用 SIP 密封带对屋脊梁密封，作为防止空气渗漏的第二道防线。

8.2.2 施工步骤

屋脊和屋谷的构造本质上是一样的。屋脊和屋谷施工均在下部设置的支承构件上进行，其施工步骤如图 8.9 所示。

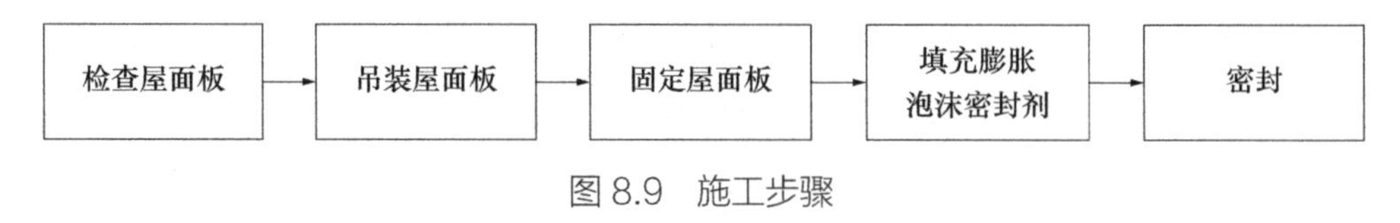

图 8.9　施工步骤

屋脊处的两块屋面板通常在工厂预制而成或者在施工现场加工区进行裁切拼接。结构保温板建筑常见的屋脊构造有两种形式。第一种是将两块屋面板端部斜切后拼成屋脊［图 8.10（*a*）］。采用这种屋脊形式时，两块屋面板间用斜切的规格材花键连接固定。屋面板吊装到位后，应分别用结构保温板钉按照 300mm 的间距将两块屋面板固定在屋脊梁上。第二种是将两块屋面板垂直地裁切后拼成屋脊［图 8.10（*b*）］，类似于墙板施工中的角板连接。采用这种屋脊形式时，两块屋面板间用结构保温板钉按照 300mm 的间距连接固定。屋面板吊装到位后，用结构保温板钉将两块屋面板固定在屋脊梁上。

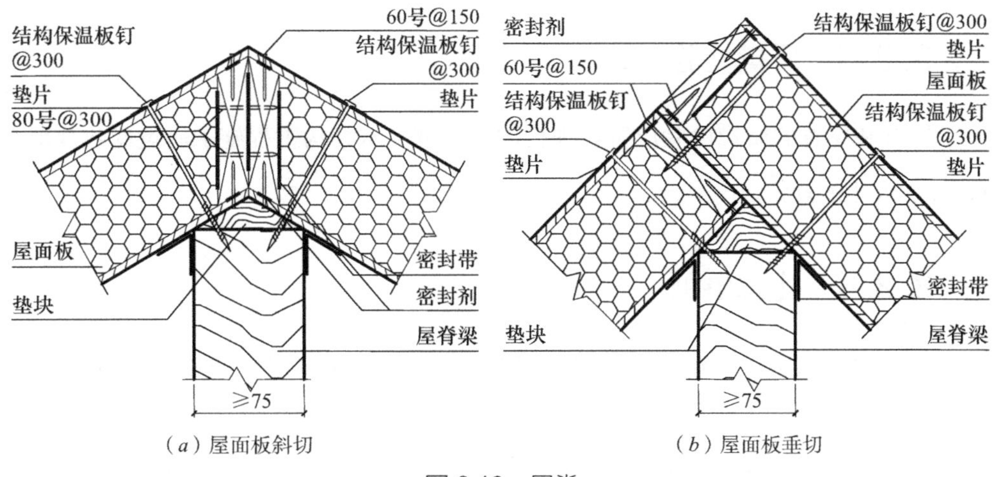

（*a*）屋面板斜切　　　　（*b*）屋面板垂切

图 8.10　屋脊

吊装屋面板前，应提前在屋脊梁上固定适配屋面板坡度的木质垫块，垫块处应做好密封处理。固定屋面板前，应着重检查其连接处是否有错台，如有错台，应立即调整，再进入下一道工序。

屋面板安装结束后，应对屋脊部分进行仔细密封。对于屋脊处较大的缝隙，应用膨胀泡沫密封胶进行密封。在接缝处填入密封剂后，将溢出的密封剂清理干净。屋脊处应用 SIP 胶带设置屋脊包边，并用钉子将其固定在屋面板上。

屋谷的连接方式和屋脊类似，一般采用将两块屋面板端部斜切后拼成屋谷的形式（图 8.11），两块屋面板间用斜切的规格材花键连接固定。屋面板吊装前应在屋谷梁上固定木质垫块，用结构保温板钉将两块屋面板固定在屋谷梁上。屋谷处应设置屋谷金属泛水板，并用钉子将其固定在屋面板上。屋面应依据相关标准规范进行防水设计和施工。

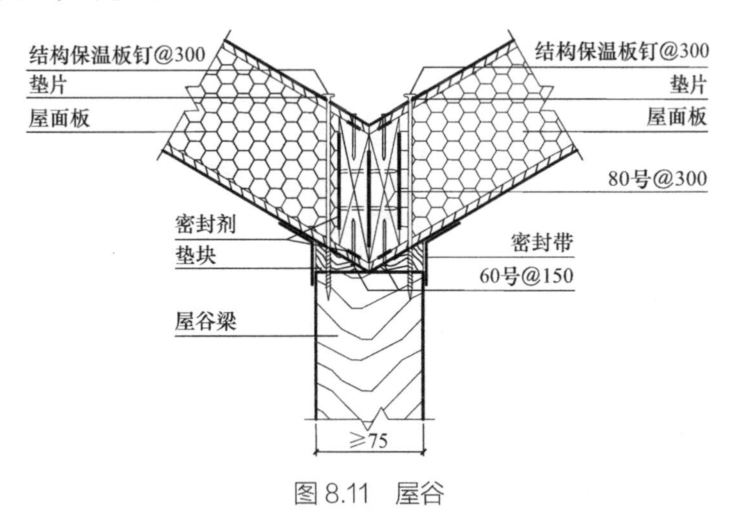

图 8.11　屋谷

8.2.3 质量检验

屋脊和屋谷的质量检验应符合现行国家标准《木结构工程施工质量验收规范》GB 50206 中的规定。

8.2.4 注意事项

由于屋脊和屋谷结构一般在加工结束后吊装，在吊装时应注意保持结构完整性与施工安全。

屋脊和屋谷结构施工结束后，应严格按照设计图纸及相关规范进行防水处理。

8.3 挑檐

8.3.1 施工要求

屋面的挑檐宽度取决于当地的雪荷载、风荷载及采用的面板类型。一般的“经验施工法则”是：屋面板未悬挑部分的长度至少是悬挑出去的长度的两倍，但屋面板的悬挑长度最大为 610mm，如图 8.12 所示。悬挑部分长度超过 610mm 时要进行论证。

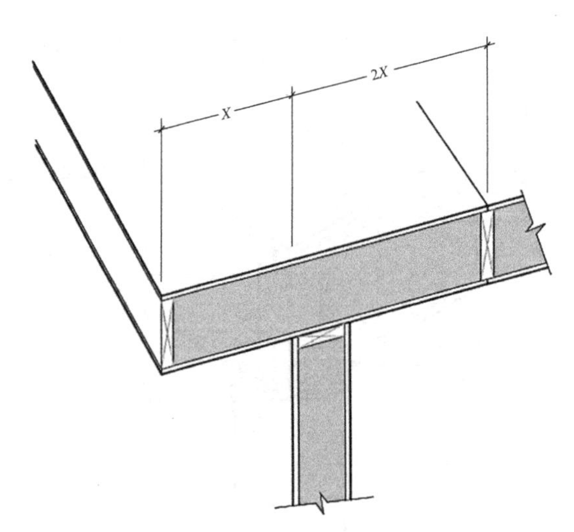

图 8.12　估算屋面板悬挑容许值

为了在屋面板边缘对屋面板连接处进行加固，封边板在板材连接处 610mm 范围内不应断开。

8.3.2　施工步骤

屋面板安装完成后，应对挑檐处进行加固和防水处理，挑檐施工步骤如图8.13所示。

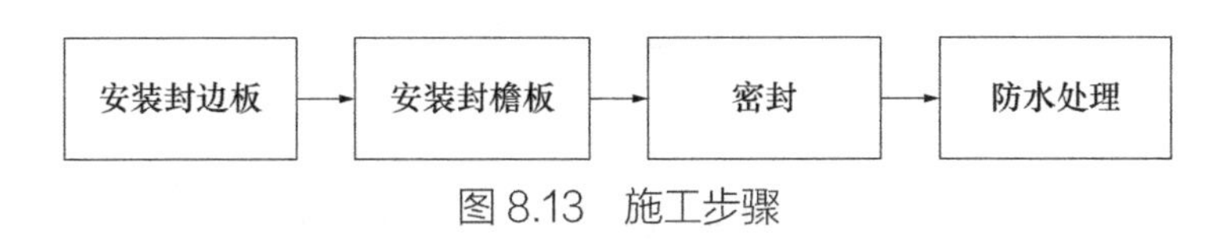

图 8.13　施工步骤

安装封边板。屋面板的边缘要提前为封边板安装预制好凹槽。屋面面板安装完成后，应沿边缘凹槽安装封边板。若面板凹槽为矩形［图 8.14（*a*）、图 8.15］，可使用规格材作为封边板；若坡屋顶的屋面板边缘切割面垂直于地面［图 8.14（*b*）］，可使用斜切规格材作为封边板，封边板需特制。

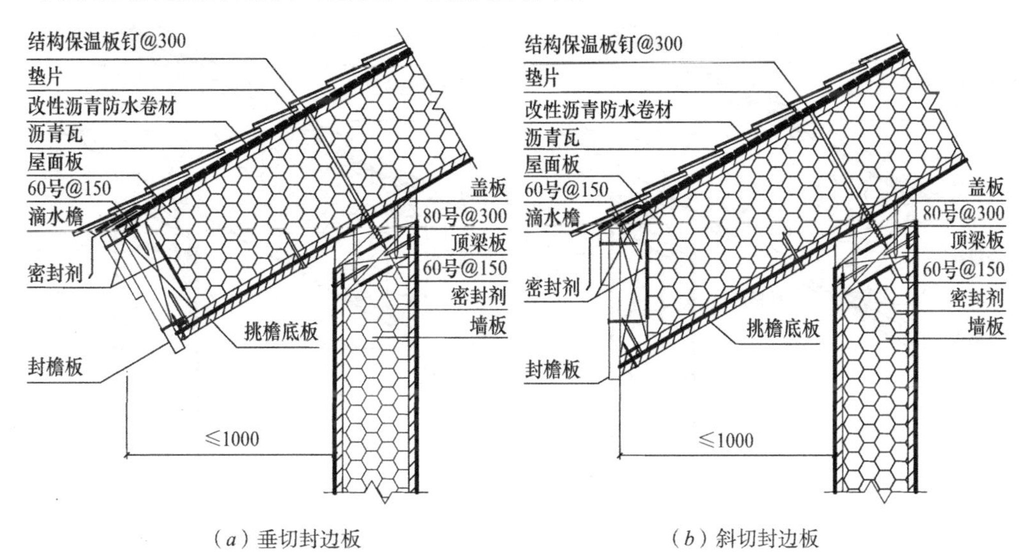

图 8.14　坡屋顶挑檐

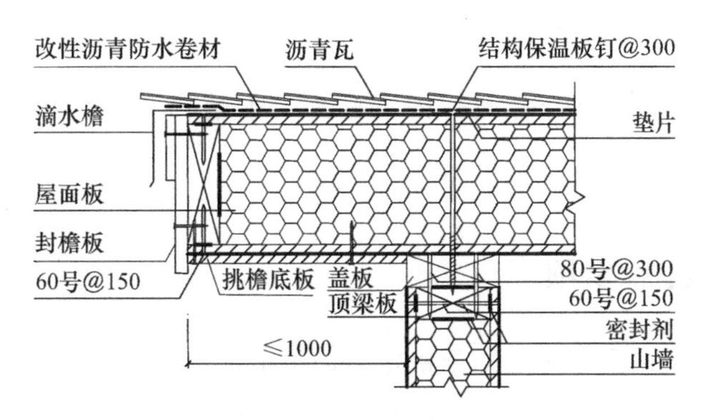

图 8.15　平屋顶挑檐

安装封檐板。为了对屋面板悬挑部分进行有效保护，应在挑檐边缘和底部分别安装封檐板和挑檐底板。

防水处理。屋面板施工完成后，应在屋面板上部按照设计要求铺设改性沥青防水卷材和沥青瓦，并在屋面板端部设置滴水檐。滴水檐可采用 0.8mm 厚铝板，并用钉子将其固定在屋面板上。滴水檐和改性沥青防水卷材应按设计要求保证一定的搭接距离。

在高湿度地区，为防止屋檐处水汽聚集，可以通过在挑檐处设置通风口形成通风屋顶（图 8.16），也可以称作冷屋顶。通风屋顶本质上是一种雨幕系统（带有通风空间的排水平面），这种屋顶设计允许空气通过对流从屋檐流向屋脊，避免水分聚集导致的霉菌滋生对木质材料的损坏。

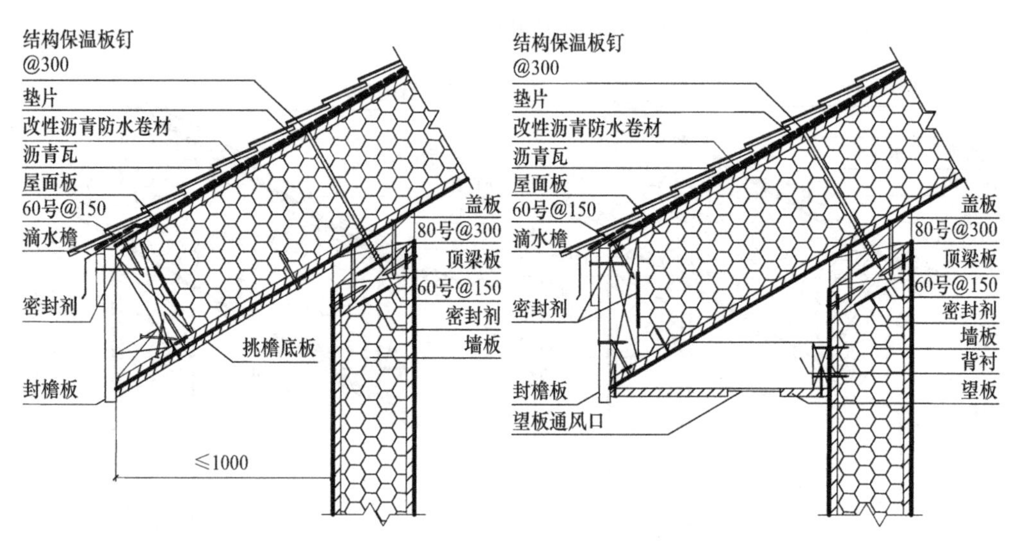

图 8.16　通风屋顶

8.3.3　质量检验

挑檐的质量检验应符合现行国家标准《木结构工程施工质量验收规范》GB 50206 中的规定。

8.3.4　注意事项

封檐板安装后，可以根据需要确定装饰细节。当选择使用的装饰细节后，要考虑最佳的悬挑长度，一些细节要求屋面的悬挑长度比其他屋面大。

8.4 屋面防潮处理

8.4.1 水分渗透的原因

雨水是建筑结构内部及其周围有害水汽的最大来源，而屋顶则是抵御其侵入的第一道防线。屋顶的整体设计与施工时的细部处理均是防止水汽渗透入建筑中的重要因素。如尺寸适当的屋顶挑檐保护房屋的外墙不受雨水的渗漏（侧风雨的袭击除外），设计良好的排水槽则可将雨水排离地基。

住宅建筑中的水分有三个主要来源，依自大到小的顺序分别为水分渗漏、空气渗透和水汽传输。

水分渗漏是水对建筑造成损害的最主要原因。如果泛水板及屋顶细节处理不当，即使小渗漏也会有大量的水在相对较短的时间内涌入建筑物的框架。

空气渗透是指空气中的水分在气压差的作用下传输至建筑物结构体系内的过程。建筑结构的内外气压差使带有潮气的空气被吸入内外墙之间以及天花板与屋顶表面间的空隙中。造成气压差的原因包括层叠效应（热空气上升，外界的冷空气被吸入）、供暖设备通风不当、通风系统不平衡等。普通房屋的外层中所有微小间隙加在一起会有 $0.1m^2$ 的面积，这意味着即使很小的气压差也会导致大量的空气运动。

当暖湿空气渗入屋顶空隙并接触到寒冷的表面时，便产生了空气渗透的问题。如果这一表面的温度冷到使渗入的空气温度降低到露点以下，水分便会在其表面凝结。暖湿空气可源于户外，也可能来自于室内。水分最终总会停留在同一处——墙体或屋顶空隙内。

水汽传输是指水分子，即“水汽”在气压差的作用下穿过“障碍物”的过程。它将屋顶或墙体潮湿面的水汽输送到干燥一面上。通常水汽的传输不涉及大量水分，因此在暖面正确地安装防水透气膜便可以提供足够的保护。防水透气膜在开关盒、上下水管接头及门窗周围的开口处对水汽的传输没有明显的影响，但是空气在这些渗漏点的渗透可能会产生问题。由于防水透气膜安装不当而造成的损坏大多是由空气渗漏所造成的。

8.4.2 防潮处理措施

屋顶材料是铺设好的屋顶上可见的最上层，为整个建筑提供主要的防水隔层。由于屋顶表面要经受极度的冷、热、雨、雪、冰雹、飞石、紫外线以及维修人员的踩踏。所以屋顶材料除了要有必备的防水性外，还要有耐久性。

对于坡屋顶而言，几乎所有的屋顶材料都要依赖某种铺迭方式来作为防风雨隔层。像内衬层一样，瓦片是自下向上安装的，逐层沿垂直与水平方向叠加。瓦片中以沥青瓦片最为常见，但也有其他材料制成的瓦片，包括石板瓦、黏土及混凝土瓦、木瓦及盖屋板或金属瓦等。直立接缝与瓦楞板金属屋顶通常由一整块材料制成，它的长度从屋脊一直延伸到屋面挑檐。相邻的衬板通过折叠式的直立接缝相连接，接缝口升出屋顶面以上，或通过叠合相邻的两个折缝连接。沥青防水卷材安装图示如图 8.17～图 8.19 所示。瓦片屋脊细部处理如图 8.20 所示。

平屋顶采用许多不同的专用和非专用材料，从单一到多层；或胶合、或机械固定、或压制而成；或热铺或冷涂（溶剂型、氨基甲酸酯型或环氧胶粘剂型）；或以滚筒涂抹或灌注的；透气的或不透气的；或任意上述各项间的组合。

大多数屋顶渗漏发生于屋顶平面与屋脊、以某一角度相接的另一面屋顶、墙体或贯穿结构的交界处。由于烟囱、天窗、屋脊和屋谷、公用设备通风管、厨房及洗澡间的排气扇，以及建筑规范要求的屋顶通风口等的存在，即使是最为简单的屋顶轮廓也会有许多潜在的渗漏处，这些区域周围的细部处理对防止渗漏非常重要。

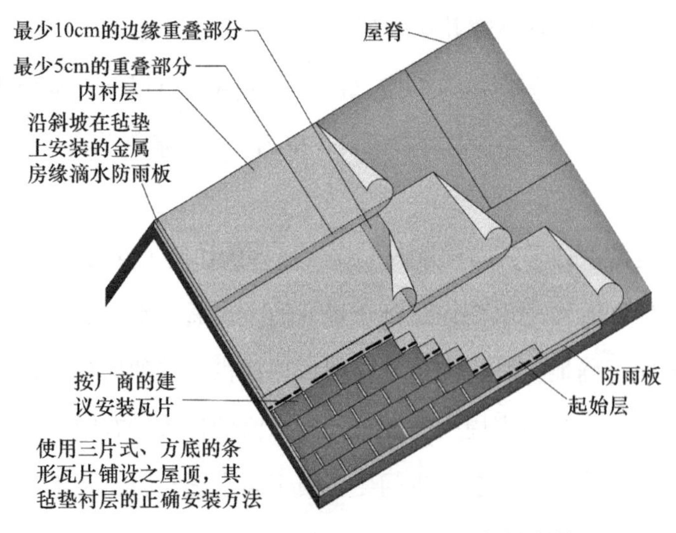

图 8.17　以屋脊为中心的沥青防水卷材安装

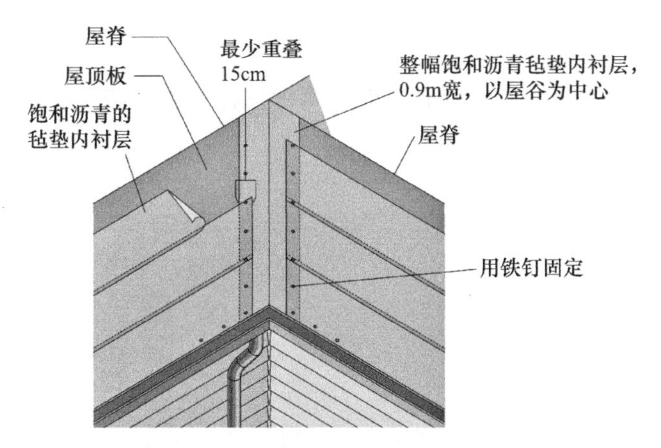

图 8.18　以屋谷为中心的沥青防水卷材安装

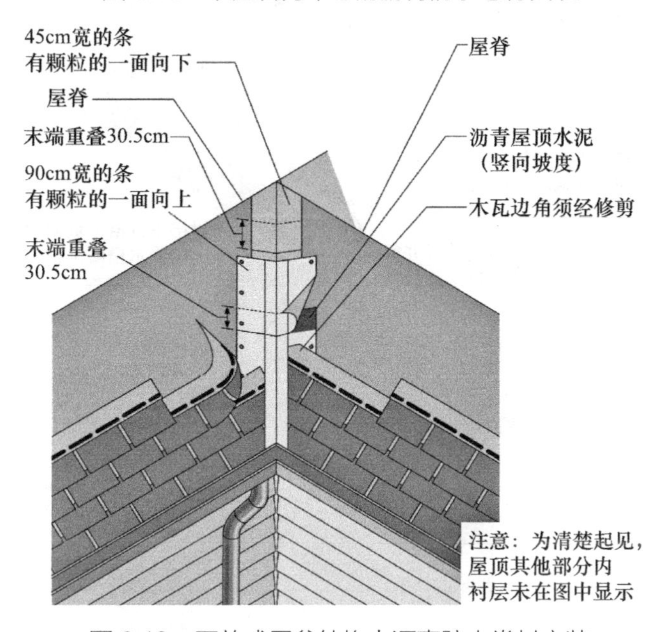

图 8.19　开放式屋谷结构中沥青防水卷材安装

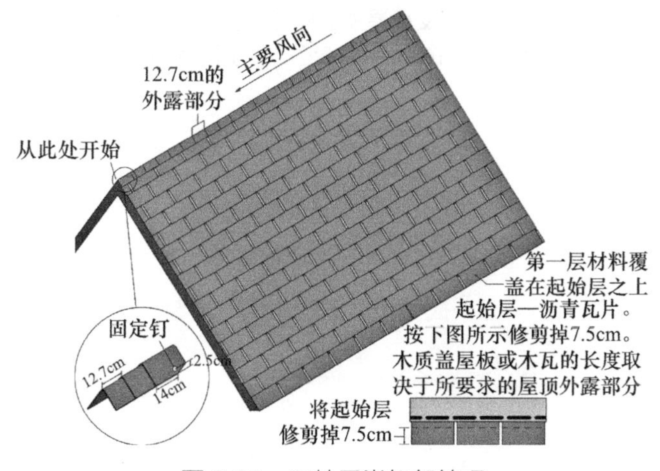

图 8.20　瓦片屋脊细部处理

图 8.21 显示了屋檐与斜边部分的正确细部处理，提供了屋檐与斜边部分最常用的细部处理方法——滴水檐材料。图中两种选择给出了砖瓦屋顶最常见的斜边细部处理。

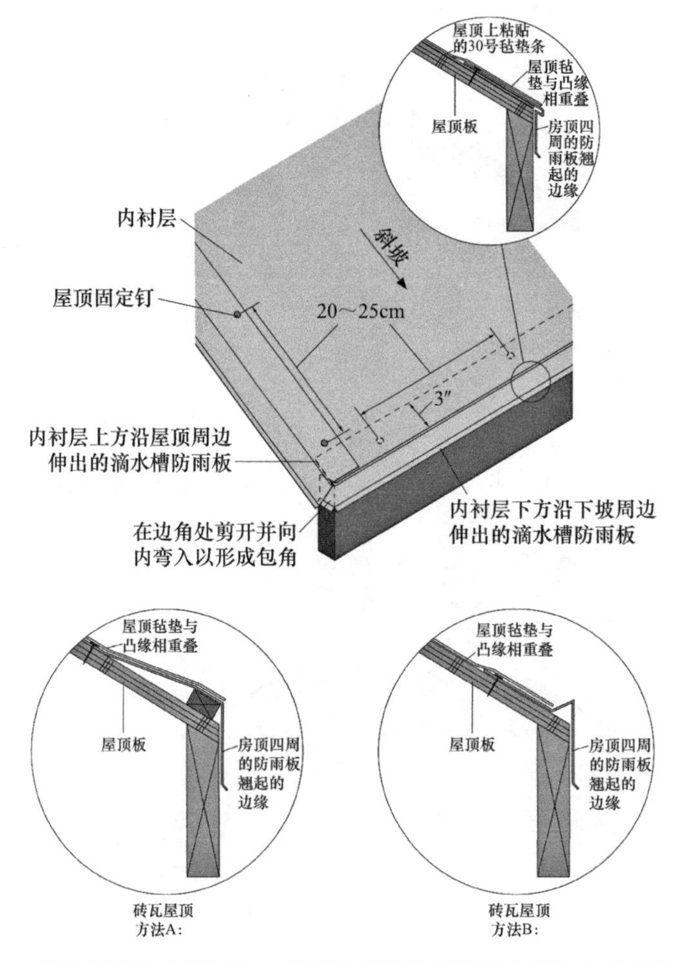

图 8.21　用于沥青防水卷材及瓦屋顶的屋檐及斜边伸出的滴水檐金属防雨板
（图中 A、B 两种方法皆可用于砖瓦屋顶）

第9章

线路与管线

9.1 布线槽

在进行结构保温板结构设计时，就要考虑进行线路和管线的设计。需要注意的是，禁止在泡沫芯材内安装隐藏式照明灯具，灯具产生的热量会增大火灾隐患。切割布线槽时为了保证墙体在结构上的整体性，不可以破坏两边的面板。

业主可以要求工厂按照自己的要求制作布线槽，墙板水平方向上一般可布置两个布线槽，距离地板的标准高度是 360mm 和 1120mm。由于水平布线槽设在距底梁板的标准位置，布线是比较容易的。垂直布线槽可以贯穿全板。如图 9.1 所示。

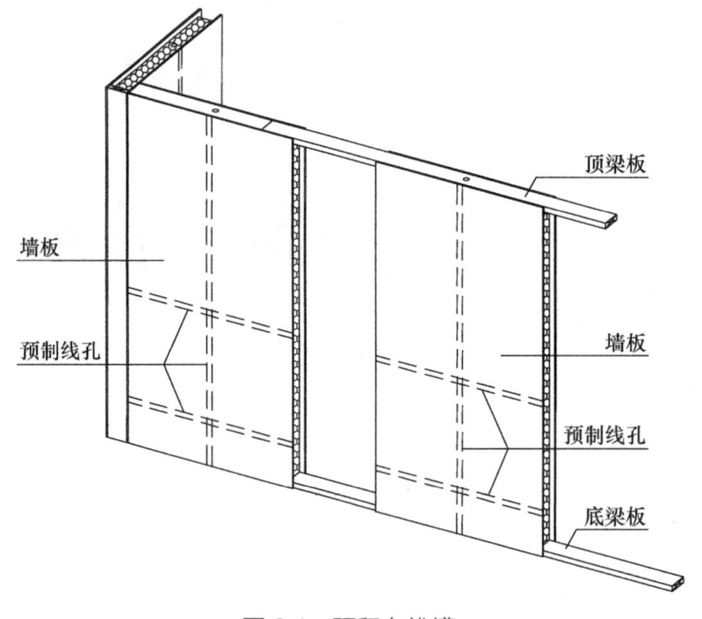

图 9.1　预留布线槽

布线槽在结构保温板预制时已经预留出位置，在安装时需要注意孔洞的对接，确保线束可以顺利穿过布线槽。在所有的布线槽开好之后再进行穿线，避免损坏导线。穿线时，把导线从下向上穿，使导线可以直线上升；水平布线则可以从该点向周围扩展；应保持主要线路穿在底梁板上，避免堵塞布线槽。

如果墙板直接安装在楼板上，电工可以直接从墙板底部钻孔和楼板上的水平布线槽连通，如图 9.2 所示。如果木工在墙板安装前已经在结构保温板上预留孔位，则可直接穿线。当采用木搁栅楼盖作为首层地面时，电工必须在木搁栅上钻孔与布线槽连通，这些孔洞也可以在安装墙板前钻好。

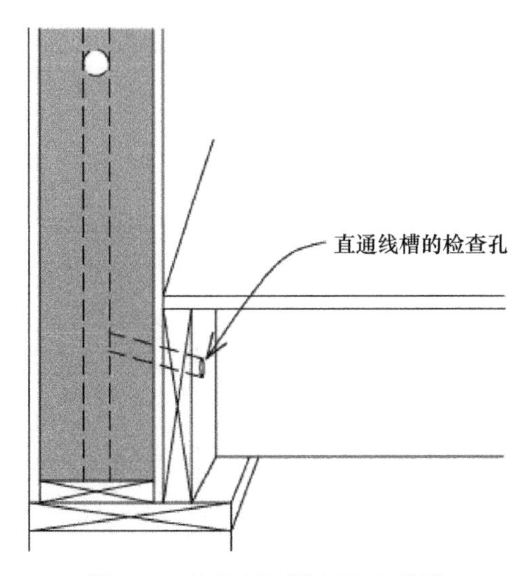

图 9.2　从墙板到楼板的布线槽

当墙面预留插座时，可以将布线槽设在踢脚板上。踢脚板内设衬条，如图 9.3 所示。踢脚板在施工时可以将其隐藏起来，其上也可设置插座盒。

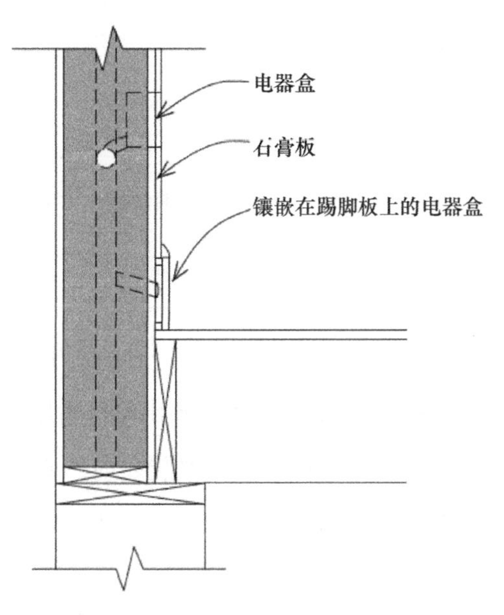

图 9.3　墙面预留插座时的布线槽

布线槽内导线的总截面积（包括绝缘外皮）不应超过槽内截面积的 40%，导线在槽内不得有结头和扭结。导线与电话线、电视线及其他通信线等不得安装在同一布线槽中。电工穿完结构保温板内部的线后，再安装门窗洞口四周的封边板，如图 9.4 所示。在封边板上钻孔时，可以使用电钻调整角度扩大钻孔；取出钻头时，旋转钻头圆整钻孔顶部，并仔细清除钻孔内部木屑，确保导线可以顺利穿过。

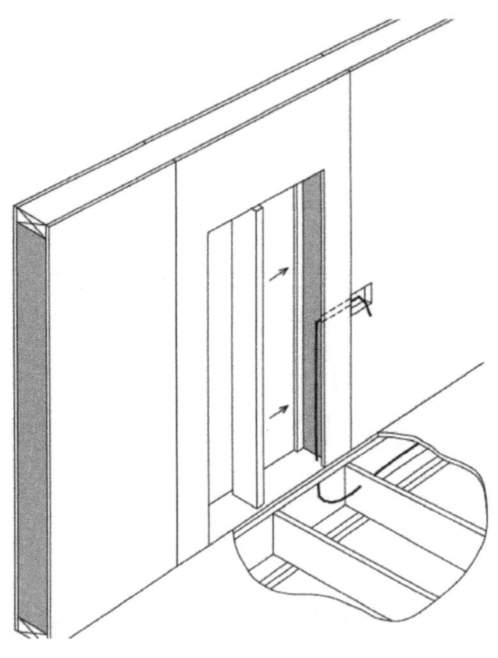

图 9.4　门窗洞口布线示意图

9.2　插座箱

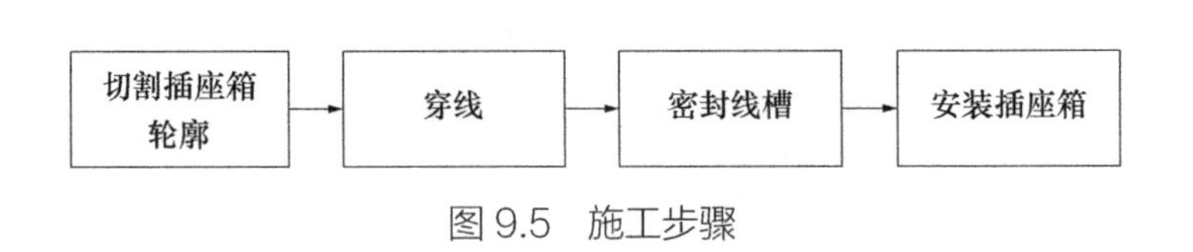

图 9.5　施工步骤

布线槽内的导线接头应设在插座箱内，插座箱应安装在比布线槽管道标准高度略高的地方，如图 9.6 所示。在墙板内表面画出轮廓后用锯子或刳刨工具进行切割，然后清除泡沫以便内墙装饰。在插座箱安装之前，要先用泡沫密封剂对布线槽进行密封。为避免插座箱位置的面板不平整，与建筑物之间有缝隙，应调整墙板后再拧紧固定螺丝，使其紧贴建筑物表面。

插座箱内应设漏电保护、接地保护、短路保护和过负荷保护装置，漏电动作电流应不大于 30mA，并分出数路线。插座箱内的保险装置应在穿线前安装好，以免损坏电线。空调插座电源、厨房插座电源、卫生间插座电源、大功率电热水器、其他插座电源及照明电源均应设计单独回路，不同回路、不同电压等级的导线不得穿入同一布线槽内。导线进入插座箱必须保证留有一定的长度，留有 100～150mm，如图 9.7 所示。

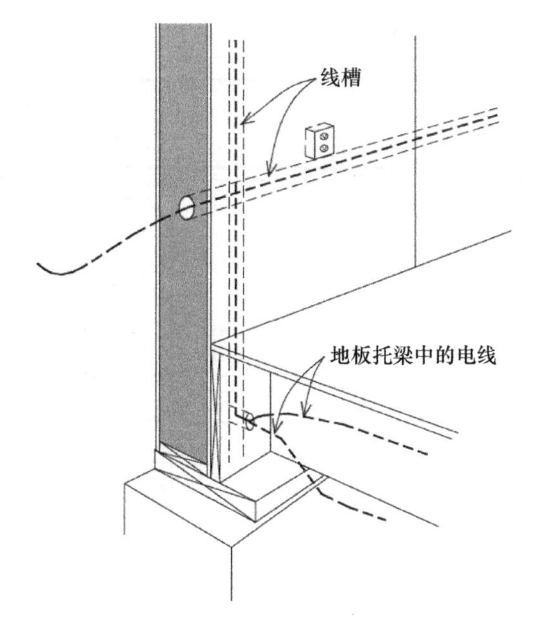

图9.6 插座箱的定位

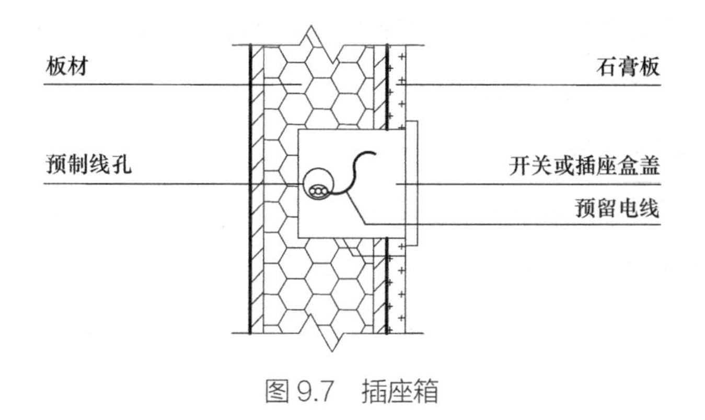

图9.7 插座箱

9.3 水管

水管距离墙面应为15mm，左热右冷，间距150mm。水管与电线平行距离不应小于300mm，交叉、过桥距不应小于100mm。明装管道成排安装时，直线部分应互相平行，如图9.8所示。当管道曲线部分水平或垂直并行时，应与直线部分保持等距。管道水平上下并行时，弯管部分的曲率半径应一致。给水和排水管线可以成直角穿过墙板延伸，但是不允许垂直于芯材。除非经过设计部门批准或确认，否则管线不应该中断花键或者面板。施工结束后应检查管道是否畅通，隐蔽的给水管道必须通水检查。

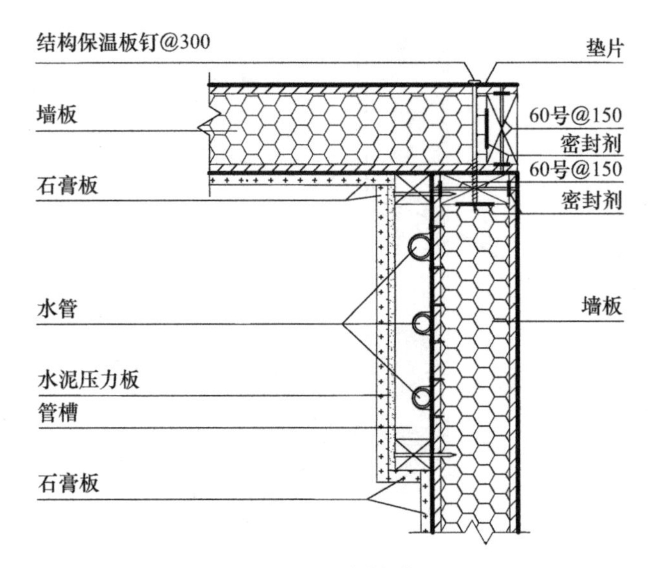

图 9.8 水管槽

若管道穿过地下室或地下构筑物外墙，应采取防水措施。对防水有严格要求的部位，必须采用柔性防水套管。当管道需要穿过结构伸缩缝、抗震缝及沉降缝铺设时，应根据情况采取下列保护措施：

1）在墙体两侧采取柔性连接；

2）在管道或保温层外皮上、下部留有不小于 150mm 的净空；

3）在穿墙处做成方形补偿器，水平安装。

如果室内的墙壁不能满足垂直管道运行，那么建立一个单独的水管槽是一个好的选择，如图 9.8 所示。水管槽可以有效遮挡管线并防止管线结冰。

第 10 章

卫生间

卫生间是建筑中供居住者进行盥洗、洗浴、便溺等活动的空间，使用功能决定了其防水和排水十分重要。结构保温板建筑作为木结构建筑，卫生间的防水和排水应特别注意，适当的施工处理可以避免水分聚集对结构保温板材料的损坏，提高建筑的耐久性能。

10.1 墙面、楼地面及门槛

卫生间的防水主要通过墙面、楼地面及门槛的防水处理实现，常见的施工做法如图 10.1 所示。卫生间防水施工前，应确保四周的墙板和楼板处于干燥状态。

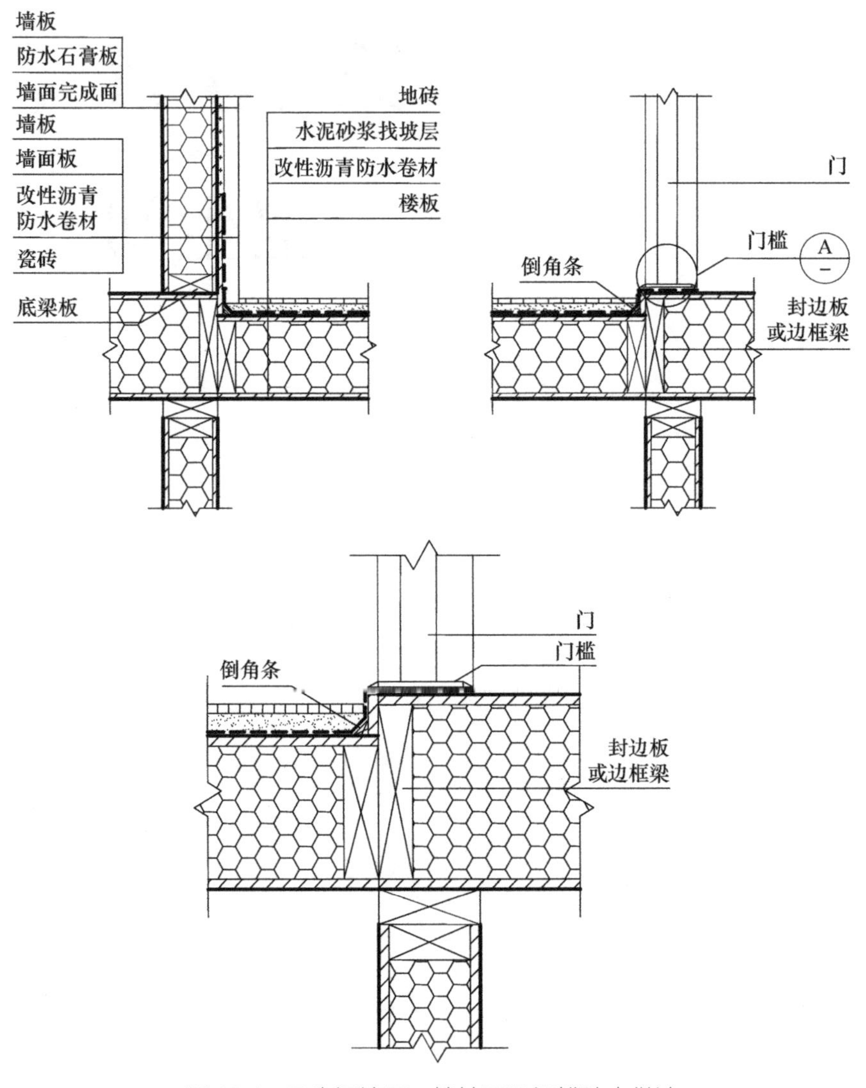

图 10.1　卫生间墙面、楼地面及门槛防水做法

与其他房间不同，结构保温板建筑的卫生间内墙面应贴覆经过防水处理的防水石膏板。防水石膏板是在石膏中加入一定剂量的防水剂，使石膏本身具有一定的防水性能，其表面吸水量不大于 160g/m^2，吸水率不超过 10%。但防水石膏板不可直接暴露在潮湿的环境里，也不可直接进水长时间浸泡。在防水石膏板的外侧还应贴覆一层面层，一般选择粘贴瓷砖。

卫生间楼地面的做法是在楼板上贴覆改性沥青防水卷材、铺设水泥砂浆找平层和地砖。在进行卫生间楼地面的防水处理前，应将卫生间的楼地面整平并清理杂物，确保防水卷材可以平整地贴覆在楼板上，在墙角处，可以设置倒角条。防水卷材应延伸至墙身和门槛下，否则积水可能通过连接处渗漏至楼板上。防水卷材一般自楼地面向上在墙面上贴覆 300mm；在淋浴区需要把防水卷材贴覆至 1800mm；如果是浴缸，需要把防水卷材贴覆至浴缸之上 300mm，确保积水不会渗漏至墙板中。水泥砂浆找平层施工时，基面有空隙、裂缝、不平缺陷的，用水泥砂浆修补抹平，使基面必须坚固、平整、干净，无灰尘、油腻等以及其他碎屑物质。找平层施工时应设置一定坡度以方便排水，管道根部必须按要求作嵌缝处理。找平层干燥后方可进行地砖层施工。

卫生间门槛标高应高于卫生间地面，可以通过使用不同厚度的楼板实现，也可在卫生间门下单独设置门槛。卫生间有积水时会从地漏流入下水道，如果地漏堵塞积水也不会流到其他房间。

10.2　地漏

卫生间内的排水主要通过设置地漏实现，常见的施工做法如图 10.2 所示。

地漏施工前，对地漏根部的防水卷材贴覆质量要仔细检查，并应对卫生间的标高复核正确，特别注意地漏的标高位置正确，地漏应低于地面 10mm 左右。地漏排水流量不能太小，否则容易造成阻塞。地漏箅子的开孔孔径应该在 6～8mm，可以有效防止头发、污泥、沙粒等污物进入地漏。排水管的安装翼半径为 150mm。地漏的排水管穿过楼面板，在楼面板下方应设置有存水弯，存水弯的水封高度要达到 50mm，才能不让排水管道内的异味气体泛入室内。

此外，卫生间内的面盆、浴缸、坐便器等卫浴设施的定位和布局应根据卫生间面板中花键、搁栅等规格材的位置确定，通过金属紧固件连接在规格材上。卫浴设施处排水管要穿过楼板和墙板，此位置的防水处理应格外注意。

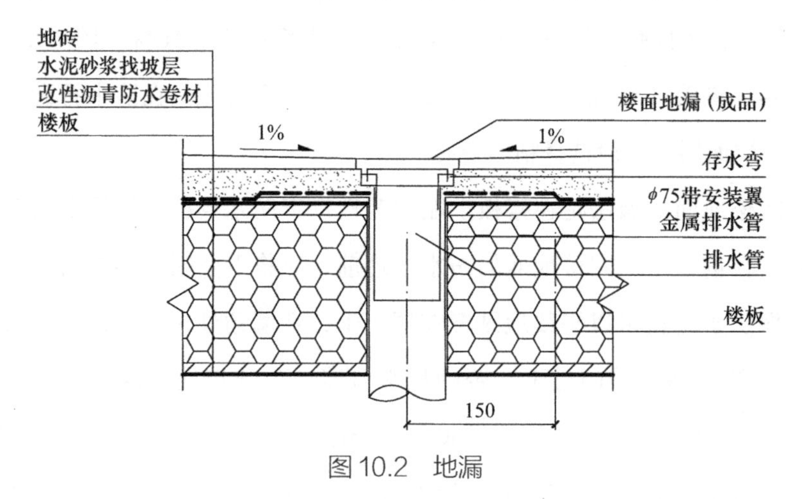

图 10.2　地漏

第 11 章

装饰工程

11.1 基本规定

11.1.1 材料

结构保温板建筑装饰工程所用材料的品种、规格和质量应符合设计要求和国家现行标准的规定。当设计无要求时应符合国家现行标准的规定，严禁使用国家明令淘汰的材料。结构保温板建筑装饰工程所用材料的燃烧性能应符合现行国家标准《建筑内部装修设计防火规范》GB 50222、《建筑设计防火规范》GB 50016的规定。结构保温板建筑装饰工程所用材料应符合国家有关建筑装饰装修材料有害物质限量标准的规定。结构保温板建筑装饰工程所使用的材料在运输、储存和施工过程中，必须采取有效措施防止损坏、变质和污染环境。

所有材料进场时应对品种、规格、外观和尺寸进行验收。材料包装应完好，应有产品合格证书、中文说明书及相关性能的检测报告，进口产品应按规定进行商品检验。进场后同一厂家生产的同一品种、同一类型的进场材料应至少抽取一组样品进行复验，当合同另有约定时应按合同执行。对进场材料进行复验，是为保证结构保温板建筑装饰工程质量采取的一种确认方式。当标准规定或合同约定应对材料进行见证检测时，或对材料的质量发生争议时，应进行见证检测。

结构保温板建筑装饰工程所使用的材料应按设计要求进行防火、防腐和防虫处理。

11.1.2 施工

结构保温板建筑装饰工程应在基体或基层的质量验收合格后施工。承担结构保温板建筑装饰工程施工的单位应具备相应的资质，并应建立质量管理体系。承担结构保温板建筑装饰工程施工的人员应有相应岗位的资格证书。施工单位应编制施工组织设计并应经过审查批准。施工单位应按有关的施工工艺标准或经审定的施工技术方案施工，并应对施工全过程实行质量控制。结构保温板建筑装饰工程的施工质量应符合设计要求的规定，由于违反设计文件规定而施工造成的质量问题应由施工单位负责。

结构保温板建筑装饰工程施工中，严禁违反设计文件擅自改动建筑主体、承重结构或主要使用功能；严禁未经设计确认批准擅自拆改水、暖、电、燃气、通信等配套设施。施工单位应遵守有关环境保护的法律法规，并应采取有效措施控制施工现场的各种粉尘、废气、废弃物、噪声、振动等对周围环境造成的污染和危害。施工单位应遵守有关施工安全、劳动保护、防火和防毒的法律法规，应建立相应的管理制度，并应配备必要的设备、器具和标识。

11.2　内墙与天花板装饰

为满足防火需求，结构保温板建筑的内墙和天花板的装饰一般采用悬挂石膏板的形式，石膏板仅起装饰作用，一般不能用来悬挂重物。石膏板具有以下特点：

1）石膏板属非燃材料，具有一定的防火性能，可用作钢结构和木结构的防火保护层，加挂一层石膏板，结构保温板的耐火极限可以长达 2 小时；

2）由于石膏板内部空隙率大，具有良好的隔声效果；

3）可以调节室内湿度，当空气中的湿度比它本身的含水量大时，石膏板能吸收空气中的水分；反之，则石膏板可以释放出板中的水分，能起调节室内空气湿度的作用。

11.3　外墙面装饰

外墙面常采用砌砖饰面、挂板饰面、抹灰饰面、面砖饰面。

1）砌砖饰面通过砌筑砖墙后形成，具有较好的保温、隔热、隔声、防火、耐久等性能，为低层和多层房屋所广泛采用。

2）挂板饰面是将板材通过干挂等施工方法悬挂于墙体的外面，以达到装饰或保温等效果。外墙挂板必须具有防腐蚀、耐高温、抗老化、无辐射、防火、防虫、不变形等基本性能，同时还要求造型美观、施工简便、环保节能等。常见的外墙挂板有纤维水泥板、铝塑板、PVC 板、石材等。采用挂板饰面时，外墙板外侧应粘贴防水透气膜，阻止雨水透过挂板渗入墙板，防水透气膜应粘贴到窗口并延伸到外墙面。结构保温板上推荐使用环柄墙钉固定薄膜。雪松挂板会影响使用感觉，不建议使用。建议使用板条挂板，沿墙面水平布置。在设计门洞侧板、窗台板时要考虑挂板的厚度。

3）抹灰饰面是在房屋建筑的外墙表面上涂抹各种砂浆的装饰工艺。其作用在于使建筑物外墙面平整光洁，增加美观，提升装饰效果。在室外墙面进行抹灰，保护墙体不受风、雨和大气的侵蚀，可以提高墙体的耐久性并提高墙体防潮、隔热的性能，弥补和改善墙体在功能方面的不足。同时，对房屋建筑立面进行建筑艺术处理，提高质感、线型及色彩装饰效果。

4）面砖饰面用水泥砂浆将面砖贴砌于墙表面。外墙面砖的主要规格尺寸很多，质感、颜色多样化。面砖是镶嵌于建筑物外墙面上的片状陶瓷制品，是采用品质均匀而耐火度较高的黏土经压制成型后焙烧而成的，为了与基层墙面很好地粘接，面砖的背面均有肋纹。根据面砖表面的装饰情况可分为：表面不施釉的单色砖（又称墙面砖）；表面施釉的彩釉砖；表面既有彩釉又有凸起的花纹图案的立体彩釉砖；表面施釉，并做成花岗石花纹的表面，称为仿花岗石釉面砖等。

11.4 屋面装饰

结构保温板建筑的屋面装饰大多采用自下向上安装的瓦片，其中沥青瓦片最为常见，但也有其他材料制成的瓦片，包括石板瓦、黏土瓦及混凝土瓦、木瓦或金属瓦。

1）沥青瓦片又称玻纤瓦、油毡瓦、玻纤沥青瓦，是新型的防水建材。它具有以下特点：沥青瓦片屋面可抵御光照、冷热、雨水和冰冻等多种气候因素引起的侵蚀；沥青瓦片屋面的导热系数低，阻断了热量在夏天由外向内的传导，在冬天由里向外地散失，具有良好的保温隔热性，从而保证了顶层住户生活的舒适度；由于沥青瓦片表面矿物颗粒的形状和排列都是不规则的，所以它能很好地吸附和减轻雨水对屋面的撞击声及其他噪声，吸声隔声性能好，从而保证了住户居住舒适度；沥青瓦片屋面不会在恶劣气候环境的影响下出现锈蚀，花斑等现象；沥青瓦片屋面不会因积灰而形成明显的污斑，即使在长期雨季使用条件下也不会积留水渍，经过雨水冲刷反而会显得更加洁净；沥青瓦片屋面的防火等级，已达到A级防火标准；沥青瓦片除了用金属紧固件固定外，当受光和热的影响，达到有效温度时，它的自粘胶开始变得有黏性，将两片瓦片牢牢地粘在一起，使整个屋面连成一个整体，从而大大提高了抗风性。

2）石板瓦的材质不是石板而是天然板石（也称为板岩）。板石和大理石、花岗石、砂岩等一样是天然石材的一种，其最大特点是具有天然的劈理，可以用手工或机械的方式将其劈分开，所以建筑板石产品的表面都未经机械打磨，具有古朴自然的表面特点。由于材质特性和变质作用的不同，板石中一部分优质材料可以被加工成屋面盖瓦，这些板石也往往被称为瓦板岩，不能做瓦的板石被加工成饰面板，用作墙面、地面的装饰。那些可以被加工成屋面盖瓦的优质板石通常具备以下特点：劈分性能好、平整度好、色差小、黑度高（其他颜色同理）、弯曲强度高、含钙铁硫量低、烧失量低、耐酸碱性能好、吸水率低、耐候性好。

3）黏土瓦是指以黏土、页岩为主要原料，经成型、干燥、焙烧而成的瓦片。黏土瓦的生产工艺与黏土砖相似，但对黏土的质量要求较高，如含杂质少、塑性高、泥料均化程度高等。中国生产的黏土瓦有小青瓦、脊瓦和平瓦。由于黏土瓦只能应用于较大坡度的屋面，且材质脆、自重大、片小、施工效率低，在现代建筑屋面材料中的比例已逐渐下降。

4）混凝土瓦是指由水泥、细集料和水等为主要原材料经拌和、挤压、静压成型或其他成型方法制成的用于坡屋面的屋面瓦及与其配合使用的混凝土配件瓦。其具有良好的防水性能、较长的使用寿命，是一种环保型绿色建材。

5）木瓦是一种古建筑装修材料，是古代覆盖屋面的一种面板。木瓦是由实木板材加工成片状的梯形小木板，房屋建筑的屋顶、外墙，凉亭上覆盖的小木板都可以称之为木瓦。由于木瓦重量较轻现在也被广泛地使用在旅游景点与度假酒店的装饰中，其具有自重轻、安装方便简单、环保、防紫外线、天然耐腐、耐候性好、稳定性好的特点。木瓦与结构保温板建筑风格较为接近，可以用来建造风格古朴的特色小镇。

6）金属瓦按制作工艺分为石面金属瓦、漆面金属瓦、金属本色瓦。其中石面金属瓦是以镀铝锌钢板为基材模压成各种瓦型，再以水性丙烯酸树脂为粘合剂，粘合天然玄武岩颗粒作为表面。漆面金属瓦则以镀铝锌钢板、镀锌钢板、铝镁锰合金等金属基材表面做漆面喷涂处理后做成瓦型用于屋面，以直立锁边型为主，多用于大型场馆。金属本色瓦则采用纯铜板、钛锌板等表面不做涂层处理直接加工用于屋面，多用于高档屋面。其特点是形状颜色丰富、阻燃性能好、重量轻、可回收、耐久性高、易于设计及施工，可适用于各种屋面。

在结构保温板结构中，应避免水汽在屋面板上积聚而导致屋面板下垂的情况。因此在屋面上要做好防水措施避免雨、雪、冰的侵入，装饰材料要起到第二道防线的作用。在瓦片之下，一般按照设计要求铺设单层或多层的改性沥青薄膜。

对于装饰材料的具体选择应基于当地的气候条件、预期的坡屋顶坡度、屋顶覆层质量和业主的要求。安装过程要注意对屋顶板材的保护，避免受潮。在对屋面装饰前，一定要确保屋面结构保温板是干燥的。不能用加热设备清除面板上的霜和积雪，以免损害泡沫芯材。

屋面安装前，要去除屋顶表面用于密封的突出的硬化泡沫。屋面板不平整部分可以用皮带拉紧或用磨光机打磨。浅色、厚重的木瓦盖板可以避免屋面板在节点处起皱。木材、瓷砖或石板瓦使用在屋面上时要按要求进行捆扎。

第 12 章

防护工程

12.1 防腐

防腐防虫药剂配方及技术指标应符合现行国家标准《木材防腐剂》GB/T 27654的相关规定。在任何情况下，均不应使用未经鉴定合格的药剂。结构保温板建筑化学防腐剂的选择应满足以下要求：需油漆的木构件宜采用水溶性防护剂或以挥发性的碳氢化合物为溶剂的油溶性防护剂；在建筑物预定的使用期限内，木材防腐和防虫性能应稳定持久；防腐剂不应与金属紧固件起化学反应。木材经处理后，不应增加其吸湿性。防腐剂应按说明书验收，包装、运输应符合药剂说明书的规定，应储存在封闭的仓库内，并应与其他材料隔离。

直接与混凝土或砌体结构接触的木构件应进行防腐处理，并应在接触面设置防潮层。经防腐处理的木材使用要求见表 12.1。当金属紧固件与使用含铜防腐剂处理的木材接触时，金属紧固件应避免防腐剂引起的腐蚀，并应采用热浸镀锌或不锈钢产品。

经防腐处理的木材使用要求　　表 12.1

防腐剂种类	应用环境	典型用途	连接件
铜铬砷	室外环境中使用	埋地构件或木基础	不锈钢连接件、热浸镀锌连接件或铜连接件
季铵铜	室内环境中使用	建筑内部及装饰以及室外铺板及搁栅	
硼酸盐	室内环境中使用，避免淋湿和长期浸泡在水中	建筑内部及装饰、卫生间	任何钢连接件

当金属紧固件长期处于潮湿、结露或其他易腐蚀条件时，应采取防锈蚀措施或采用不锈钢金属连接件。结构保温板建筑中外露钢构件及未作镀锌处理的金属紧固件，均应按设计文件规定的涂料作防护处理。钢材除锈等级不应低于 St3，涂层应均匀，其干厚度应符合设计文件的规定。

结构保温板建筑施工中使用的木构件应在机械加工工序完成后进行防腐处理，不宜在现场再次进行切割或钻孔。木构件经防腐防虫处理后，应避免重新切割或钻孔。由于技术上的原因，如切割面、孔眼及运输吊装过程中的表皮损伤等，确有必要作局部修整时，可用喷洒法或涂刷法修补防护层。修补时应对木材暴露的表面，采用符合设计要求的药剂作防腐处理，涂刷足够的同品牌或同品种药剂。

防腐木材的使用分类和要求应符合现行国家标准《防腐木材的使用分类和要求》GB/T 27651 的相关规定。木构件的防腐、防虫采用药剂加压处理时，药物不易浸入的木材，可采用刻痕处理。木构件加压处理应由有资质的专门企业完成，药剂在木材中的保持量和透入度应达到设计文件规定的要求。设计未作规定时，则应符合现行国家标准《木结构工程施工质量验收规范》GB 50206 的相关规定。

结构保温板建筑的防腐构造措施应按设计文件的规定进行施工。首层地面为木楼盖时应设架空层，支承于基础或墙体上，楼盖底面距室内地面不应小于 150mm。楼盖的架空空间应设通风口，通风口总面积不应小于楼盖面积的 1/150；木屋盖下设吊顶顶棚形成闷顶时，屋盖系统应设老虎窗或山墙百叶窗，也可设檐口疏钉板条；木梁等支承在混凝土或砌体等构件上时，构件的支承部位不应被封闭，在混凝土或构件周围及断面应至少留宽度为 30mm 的缝隙，并应与大气相通；支座处宜设防腐垫木，应至少有防潮层；当墙板与基础间采用抗拔件连接，且抗拔件有雨水侵蚀时，金属连接件不应存水；屋盖系统的内排水天沟应避免天沟渗漏雨水而浸泡木构件。

12.2 防虫

结构保温板建筑受生物危害区域应根据白蚁和腐朽的危害程度划分为 4 个区域等级，各区域等级包括的地区应按表 12.2 的规定确定。蚁害多发区，白蚁防治应符合现行行业标准《房屋白蚁预防技术规程》JGJ/T 245 的规定。

生物危害地区划分表 表 12.2

序号	生物危害区域等级	白蚁危害程度	包括地区
1	Z1	低危害地带	新疆、西藏西北部、青海西北部、甘肃西北部、宁夏北部、内蒙古除突泉至赤峰一带以东地区和加格达奇地区外的绝大部分地区、黑龙江北部
2	Z2	中等危害地带，无白蚁	西藏中部、青海东南部、甘肃南部、宁夏南部、内蒙古东南部、四川西北部、陕西北部、山西北部、河北北部、辽宁西北部、吉林西北部、黑龙江南部

续表

序号	生物危害区域等级	白蚁危害程度	包括地区
3	Z3	中等危害地带，有白蚁	西藏南部、四川西部少部分地区、云南德钦以北少部分地区、陕西中部、山西南部、河北南部、北京、天津、山东、河南、安徽北部、江苏北部、辽宁东南部、吉林东南部
4	Z4	严重危害地带，有乳白蚁	云南除德钦以北的其他地区、四川东南大部、甘肃武都以南少部分地区、陕西汉中以南少部分地区、河南信阳以南少部分地区、安徽南部、江苏南部、上海、贵州、重庆、广西、湖北、湖南、江西、浙江、福建、贵州、广东、海南、香港、澳门、台湾

当结构保温板建筑施工现场位于白蚁危害区域等级为Z2、Z3和Z4区域内时，施工应符合下列规定：

1）施工前应对场地周围的树木和土壤进行白蚁检查和灭蚁工作；

2）应清除地基土中已有的白蚁巢穴和潜在的白蚁栖息地；

3）地基开挖时应彻底清除树桩、树根和其他埋在土壤中的木材；

4）所有施工时产生的木模板、废木材、纸制品及其他有机垃圾，应在建造过程中或完工后及时清理干净；

5）所有进入现场的木材、其他林产品、土壤和绿化用树木，均应进行白蚁检疫，施工时不应采用任何受白蚁感染的材料；

6）应按设计要求做好防治白蚁的其他各项措施。

当结构保温板建筑位于白蚁危害区域等级为Z3和Z4区域内时，防白蚁设计应符合下列规定：

1）直接与土壤接触的基础和外墙，应采用混凝土或砖石结构；基础和外墙中出现的缝隙宽度不应大于0.3mm；

2）当无地下室时，底层地面应采用混凝土结构，并宜采用整浇的混凝土地面；

3）连接处应结合紧密，由地下通往室内的设备电缆缝隙、管道孔缝隙、基础顶面与底层混凝土地坪之间的接缝，应采用防白蚁物理屏障或土壤化学屏障进行局部处理；

4）建筑与室外连接的设备管道穿孔处应使用防虫网、树脂或符合设计要求的封堵材料进行封闭，外墙的排水通风空气层开口处应设置连续的防虫网，防虫网隔栅孔径应小于1mm；

5）地基的外排水层或外保温绝热层不宜高出室外地坪，否则应作局部防白蚁处理。

在白蚁危害区域等级为Z3和Z4的地区，应采用防白蚁土壤化学处理和白蚁诱饵系统等防虫措施。土壤化学处理和白蚁诱饵系统应使用对人体和环境无害的药剂。

12.3　防火

结构保温板建筑防火工程应按设计文件规定的木构件燃烧性能、耐火极限指标和防火构造要求施工，且应符合现行国家标准《建筑设计防火规范》GB 50016和《木结构设计标准》GB 50005的有关规定。防火材料或阻燃剂应按说明书验收，包装、运输应符合药剂说明书规定，应储存在封闭的仓库内，并应与其他材料隔离。

木构件采用加压浸渍阻燃处理时，应由专业加工企业施工，进场时应有经阻燃处理的相应标识。验收时应检查构件燃烧性能是否满足设计文件规定的证明文件。木构件防火涂层施工，可在木结构工程安装完成后进行，木材含水率不应大于15%，构件表面应清洁，应无油性物质污染，防火涂层应符合设计文件的规定。木构件表面喷涂层应均匀，不应有遗漏，其干厚度应符合设计文件的规定。

防火墙设置和构造应按设计文件的规定施工，砖砌防火墙厚度和烟道、烟囱壁厚度不应小于240mm，金属烟囱应外包厚度不小于70mm的矿棉保护层或耐火极限不低于1小时的防火板覆盖。烟囱与木构件间的净距不应小于120mm，且应有良好的通风条件。烟囱伸出楼屋面时，其间隙应用不燃材料封闭。砌体砌筑时砂浆应饱满，清水墙应仔细勾缝。

墙体、楼屋盖空腔内填充的保温、隔热、吸声等材料的防火性能，不应低于难燃性B1级。

墙体和顶棚采用石膏板（防火或普通石膏板）作覆面板并兼作防火材料时，紧固件（钉子或木螺栓）贯入木构件的深度不应小于表12.3的数值。

兼做防火材料石膏板紧固件贯入木构件的深度　　表 12.3

耐火极限（小时）	墙体		顶棚	
	钉（mm）	木螺钉（mm）	钉（mm）	木螺钉（mm）
0.75	20	20	30	30
1.00	20	20	45	45
1.50	20	20	60	60

楼盖、楼梯、顶棚以及墙体内最小边长超过 25mm 的空腔，其贯通的竖向高度超过 3m，或贯通的水平长度超过 20m 时，均应设置防火隔断。顶棚、屋顶空间，以及未占用的阁楼空间所形成的隐蔽空间面积超过 300m^2，或长边长度超过 20m 时，均应设置防火隔断，并应分隔成面积不超过 300m^2 且长边长度不超过 20m 的隐蔽空间。隐蔽空间内相关部位的防火隔断应采用下列材料：

1）厚度不小于 40mm 的规格材；

2）厚度不小于 20mm 且由钉交错钉合的双层木板；

3）厚度不小于 12mm 的石膏板、结构胶合板或定向刨花板；

4）厚度不小于 0.4mm 的薄钢板；

5）厚度不小于 6mm 的无机增强水泥板。

电源线敷设的施工应符合下列规定：敷设在墙体或楼盖中的电源线应用穿金属管线或检验合格的阻燃型塑料管；电源线明敷时，可用金属线槽或穿金属管线；矿物绝缘电缆可采用支架或沿墙明敷。

埋设或穿越木构件的各类管道敷设的施工应符合下列规定：管道外壁温度达到 120℃及以上时，管道和管道的包覆材料及施工时的胶粘剂等，均应采用检验合格的不燃材料；管道外壁温度在 120℃以下时，管道和管道的包覆材料等应采用检验合格的难燃性不低于 B1 的材料。

隔墙、隔板、楼板上的孔洞缝隙及管道、电缆穿越处需封堵时，应根据其所在位置构件的面积按要求选择相应的防火封堵材料，并应填塞密实。

结构保温板建筑房屋室内装饰、电气设备的安装等工程，应符合现行国家标准《建筑内部装修设计防火规范》GB 50222 的有关规定。

第 13 章

工程案例

13.1 杭州莫干山裸心谷

莫干山裸心谷度假村位于浙江省湖州市莫干山风景区，采用可持续的设计理念，有机结合周边丰茂的植被、竹林、村庄、水域，环境优美空气清新，使游客在自然风光中回归简单质朴的自然生活。莫干山裸心谷项目共占地 28 万 m^2，建筑面积 12600m^2，由 30 栋树顶别墅、40 间夯土小屋、会所、马厩、活动中心等组成（图 13.1）。

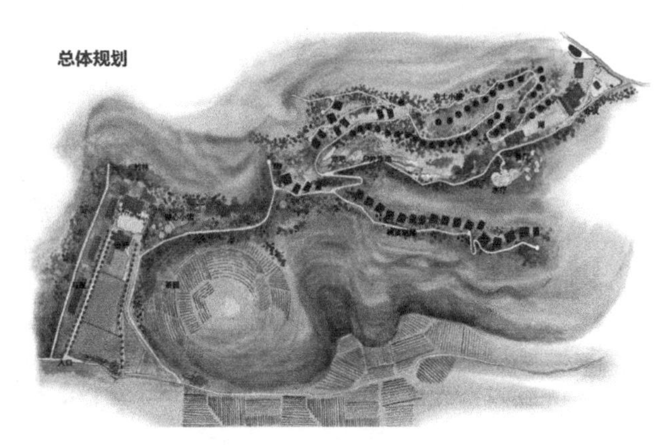

图 13.1 项目规划图

该项目所有建筑的设计都以尽量减低对环境的影响，并与自然融为一体为最高原则。其中树顶别墅包括 2 卧室（154m^2）、3 卧室（225m^2）和 4 卧室（299m^2）三个户型，采用结构保温板和胶合木结构混合建筑技术体系，将房屋整体通过钢结构基础架空建造（图 13.2）。

图 13.2 树顶别墅效果图

该项目的主要构件在工厂预制加工后运到现场进行快速拼装搭建，提高了施工速度和施工品质，减少了垃圾排放和对环境的修复成本，同时应用了太阳能、地源热泵、雨水回收、污水处理等环保节能技术。

该项目采用可持续的设计、建造及经营理念，实现环境、经济和社会三者的可持续发展。2013 年，莫干山裸心谷中的树顶别墅获美国 LEED 绿色建筑评价体系铂金级认证，是中国第一家获得绿色建筑国际奖项 LEED 最高荣誉铂金认证的高级度假村。莫干山裸心谷是莫干山地区最成功的度假酒店之一。据公开资料显示，从 2011 年开业至 2016 年，该度假村入住旅客达 25 万人次。该项目为当地居民制造就业机会，促进当地农产品销售，有效带动当地经济发展（图 13.3～图 13.9）。

图 13.3　重钢基础安装

图 13.4　楼板安装

图 13.5　墙板安装

图 13.6　屋面板吊装

图 13.7　屋面防水

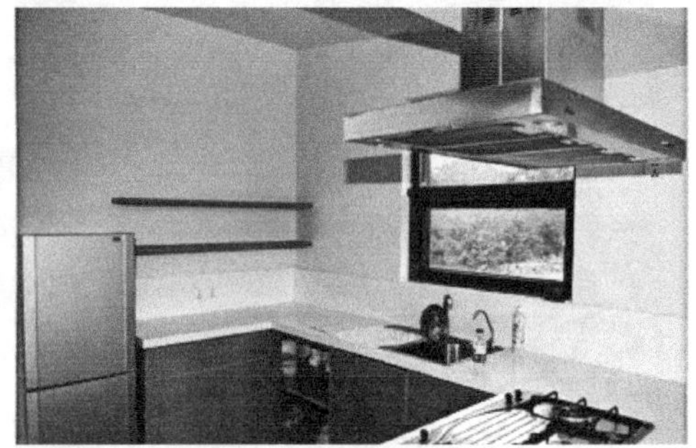

图 13.8　现代化内装

图 13.9　建成后的树顶别墅

13.2　上海零碳旋转屋

零碳建筑是指建筑的建造和运营过程中，对环境的综合碳排放为零或接近于零。上海零碳旋转屋项目位于上海市川沙镇，建筑面积200m^2，设计使用寿命50年，是上海首个零碳装配式建筑。该项目建造于浦公建设工程质量检测有限公司新建厂房项目一号楼屋顶，与园区的整体建筑风格相协调，在不依赖于市政管网和人工能源的环境下可以独立运行；该项目采用可拆卸的建造模式，符合可全拆卸、全预制、全生命周期零排放的要求，实现了建筑拼装一体化、建筑工业化、建造低碳化目标（图13.10）。

图13.10　上海零碳旋转屋

上海零碳旋转屋采用九宫格的建筑框架布局，横向可拓展成各种规模的社区建筑群，竖向可拓展成高层建筑，横竖结合可拓展成任意规模的城区。它采用钢骨架作为结构的承载体系，采用结构保温板作为围护结构，起到保温作用；建筑构件采用系列化与模数化设计，建筑的每一块楼板、墙板从出厂就拥有各自的编号，采用300mm为单位，构件尺寸从600～2400mm，便于组合、拼接；建筑构件如楼梯、光伏板、遮阳板实现工厂内整体预制，在结构系统与围护结构搭建完成后，进行整体安装和拆卸。由此可见，将结构保温板与钢结构等结合，其应用领域可扩展到多层和高层建筑，可以将某些模块进行个性化设计，实现最终的建筑设计方案。且可以用在不同热工分区满足不同的保温要求，仅需要调节结构保温板芯材的厚度。

上海零碳旋转屋通过合理的柱网设计和构件设置实现了自然采光及通风，通过固定遮阳系统、屋顶绿化及热反射外墙涂层等被动式建筑节能设计，大大降低了太阳不可见光对建筑的影响，实现了节能减排。值得一提的是，该建筑通过安装太阳能追光系统，可以实现左右摆动 120°，日间可以跟随太阳转动，夜间则回归原位，满足各功能模块对采光的要求，并且提高屋顶光伏发电效率。并且采用了太阳能空调、分布式清洁能源应用、户式中水系统、户式污水处理系统等主动式建筑节能设计，这些可再生能源的使用所产生的新能源，与在建造及使用过程中所产生的碳排放进行抵消，实现全生命周期综合碳排放量小于零（图 13.11、图 13.12）。

图 13.11　结构保温板与钢结构的结合

图 13.12　内装效果

该建筑可整体旋转的案例，在国内开了先河，它不仅有着提高光伏效率和具有建筑自遮阳效果，还拓展了建筑的艺术属性，由凝固的艺术拓展到流动的艺术，丰富了建筑的艺术表现形式。此外，该项目的成功实践，证明了结构保温板建筑这种木结构建筑，通过合理的建筑设计和可再生能源利用，可以实现建筑“碳中和”目标，具有极大的推广意义和前景。

13.3　四川甘孜州扎西持林修行中心

结构保温板建筑由于其施工便捷的特点，对于施工周期短、运输条件差的地区有着得天独厚的优势。四川甘孜州扎西持林修行中心位于四川省甘孜州德格县，海拔 3700m。甘孜地区气候条件恶劣，极端天气频繁，7 月开始就开始有降雪，每年 10 月中旬到次年 4 月中旬积雪，导致施工周期较短，每年只有 6 个月可以施工，因此需要快速建造。项目施工地位于高海拔山区，当地道路运输不便，无法使用大型吊装设备，对材料耐候性、施工人员的身体和意志都有极大的挑战。因此，采用轻质的结构保温板预制装配式建筑，相对容易运输与建造。此外，可以减轻结构自重，减少基础负重，避免大量土石方工程施工，降低工程造价。

该项目包含 17 栋单体建筑，建筑面积 8500m^2，外墙采用结构保温板，内墙采用传统 2×4 轻型木结构，屋顶采用轻钢桁架结构。由于当地的熟练工人很有限，藏民与外界接触较少，因此该项目加大了预制化程度，绝大部分构件都在工厂预制完成，降低对当地工人的技术要求。藏区的很多既有建筑是木结构建筑，该项目做了传统的檐口喷绘，与当地的民俗风貌相结合，达到了很好的效果（图 13.13～图 13.17）。

图 13.13　墙板安装

图 13.14　建造完成的外墙立面

图 13.15　二层木搁栅安装

图 13.16　轻钢桁架屋顶

图 13.17　挂板饰面外装

参考文献

[1] 江亿，胡姗．中国建筑部门实现碳中和的路径 [J]. 暖通空调，2021，51（5）：1-13.

[2] 清华大学建筑节能研究中心．中国建筑节能年度发展研究报告 2020[M]. 北京：中国建筑工业出版社，2020：1-50.

[3] 王庆一．2019 能源数据 [M]. 北京：绿色创新发展中心，2019：1-20.

[4] UNEP. Ozon Action Kigali Fact Sheet 3: GWP, CO_2 (e) and the basket of HFCs [EB/OL]. [2021-03-01]. https:// wedocs.unep.Org/bitstream/handle/20.500.11822/26866/7878FS03GWPCO_EN.pdf?sequence=1&isAllowed-y

[5] Zhang Y, Yan D, Hu S, et al. Modelling of energy consumption and carbon emission from the building construction sector in China, a process-based LCA approach[J]. Energy Policy, 2019, 134: 110949.

[6] 国家统计局．中国建筑业统计年鉴 [M]. 北京：中国统计出版社，2018.

[7] 住房和城乡建设部．民用建筑能耗标准：GB/T 51161—2016[S]. 北京：中国建筑工业出版社，2016.

[8] 杨秀．基于能耗数据的中国建筑节能问题研究 [D]. 清华大学，2009.

[9] 谷立静．基于生命周期评价的中国建筑行业环境影响研究 [D]. 清华大学，2009.

[10] 何小赛．中国城镇住宅生命周期环境影响及城市区划研究 [D]. 清华大学，2012.

[11] 国家统计局．中国统计年鉴 [M]. 北京：中国统计出版社，2017.

[12] 龙惟定，梁浩．我国城市建筑碳达峰与碳中和路径探讨 [J]. 暖通空调，2021，51（4）：1-17.

[13] U. S. Energy Information Administration. Annual energy outlook 2020 with projections to 2050 [R/OL]. Washington: U. S. Department of Energy, 2020 [2021-03-02]. https:// www.eia.gov/outlooks/aeo/pdfaeo2020.pdf

[14] 住房和城乡建设部．住房和城乡建设部标准定额司关于 2020 年度全国装配式建筑发展情况的通报 [EB/OL]. [2021-03-01]. http: //www.mohurd.gov.cn/wjfb/202103/t20210312_249438.html.

[15] Mullens M. A., Arif M. Structural insulated panels: impact on the residential construction process[J]. Journal of Construction Engineering and Management, 2006, 132(7): 786-794.

[16] 杜强，姚星皓，吕晶．SIPs 中 EPS 芯材的力学性能试验 [J]. 重庆大学学报，2014，37（7）：90-97.

[17] Jacques E., Makar J. Behavior of Structural Insulated Panels Subjected to Short-Term Axial Loads[J]. Journal of Structural Engineering, 2019, 145(11): 04019118.

[18] 蔡长璐．结构保温板（SIP）楼板抗弯性能研究 [D]. 长安大学，2021.

[19] Nah H. S., Lee H. J., Choi S. M. Performance of cyclic loading for structural insulated panels in wall application[J]. Steel and Composite Structures, 2013, 14(6): 587-604.

[20] Tamami K. Elastic moduli and stiffness optimization in four-point bending of wood-based sandwich panel for use as structural insulated walls and floors[J]. The Japan Wood Research Society, 2006, 12(3): 302-310.

[21] 严帅．SIP 板式木结构体系抗震性能研究 [D]. 南京工业大学，2010.

[22] Rupa P., Peter D., Garth J. S., et al. In-plane cyclic behavior of structural insulated panel wood walls including slit steel connectors[J]. Engineering Structures, 2018, 174: 178-197.

[23] Terentiuk S., Memari A. In-Plane Monotonic and Cyclic Racking Load Testing of Structural Insulated Panels[J]. Journal of Architectural Engineering, 2012, 18(4): 261-275.

[24] Jamison J. B. Monotonic and cyclic performance of structurally insulated panel shear walls[D]. Faculty of the Virginia Polytechnic Institute and State University, 1997.

[25] Xue S., Liu X., Wang Y., et al. Lateral Force Resistance of Structural Insulated Panels consisting of Wood-based Sheathing and a Polyurethane Core[J]. Journal of Building Engineering, 2021, 40: 102317.

[26] Pratinthong N., Quenard D., Khedari J., et al. Impact of severe service conditions on hygrothermal performance of sandwich panels[A]. in: Conference on Durability of Building Materials and Components, Lyon, France, 2005, 4: 17-20.

[27] Kayello A., Ge H., Athienitis A.,et al. Experimental study of thermal and airtightness performance of structural insulated panel joints in cold climates[J]. Building and Environment, 2017, 115: 345-357.

[28] Wyss S., Fazio P., Rao J.,et al. Investigation of thermal performance of structural insulated panels for northern Canada[J]. Journal of Architecture Engineering, 2015, 21(4): 04015006.

[29] Abdou O. A. Thermal performance of an interlocking fiber-reinforced plastic building envelope system[J]. Journal of Architecture Engineering, 1997, 3(1): 9-14.

[30] Du Q., Jin L., Lv J., et al. Experimental and numerical studies on the thermal performance of structural insulated panel splines[J]. Journal of Building Engineering, 2021, 44: 103334.

[31] 杜强，张焕芳，陆路．新农村住宅建设应用结构保温板的经济效益分析 [J]. 建筑经济，2012，5：3.

[32] 杜强，张焕芳，陆宁．结构保温板住宅生命周期的碳排放评价 [J]. 建筑经济，2012，7：3.

[33] Krarti M., Mccullom I. A simple method to estimate energy savings for structural insulated panels applied to single family homes[A]. Proceedings of ASME Energy Sustainability Conference, Phoenix, USA, 2010, 5: 17-22.

[34] Cárdenas J. P., Muñoz E., Riquelme C., et al. Simplified life cycle assessment applied to structural insulated panels homes[J]. Revista Ingeniería de Construcción, 2012, 30(1): 33-38.

[35] Dhaif M., Stephan A. A Life Cycle Cost Analysis of Structural Insulated Panels for Residential Buildings in a Hot and Arid Climate[J]. Building, 2021, 11(6): 255.

[36] 潘婷．装配式结构保温板楼板振动舒适度性能研究 [D]. 长安大学，2020.

[37] Adekunle T. O., Nikolopoulou M. Winter performance, occupants' comfort and cold stress in prefabricated timber buildings[J]. Building and Environment, 2019, 149: 220-240.

[38] 曹万林，杨兆源，周绪红等．装配式轻钢组合结构研究现状与发展 [J]. 建筑钢结构进展，2021，23（12）：1-15.

[39] 周绪红．冷弯型钢结构研究进展（英文）[J]. 钢结构（中英文），2020，35（1）：1-19.

[40] Zhai X., Wang Y., Wang X. Thermal performance of precast concrete sandwich walls with a novel hybrid connector[J]. Energy and Buildings, 2018, 166: 109-121.

[41] Amran Y. H. M., Ali A. A. A., Rashid R. S. M., et al. Structural behavior of axially loaded precast foamed concrete sandwich panels [J]. Construction and Building Materials, 2016, 107: 307-320.

[42] 建筑地基基础设计规范：GB 50007—2002[S]. 北京：中国建筑工业出版社，2011.

[43] 建筑地基基础工程施工质量验收标准：GB 50202—2018[S]. 北京：中国建筑工业出版社，2018.

[44] 杜强 . 结构保温板技术 [M]. 西安：西安交通大学出版社，2017.

[45] 建筑结构保温复合板构造图集：陕 2019TJ 045[S]. 西安：陕西省建设标准设计站，2019.

[46] 建筑结构保温复合板应用技术规程：DBJ 61/T 158—2019[S]. 西安：陕西省建设标准设计站，2019.

[47] 建筑用木基面材结构保温复合板：LY/T 3217—2020[S]. 北京：国家林业和草原局，2020.

[48] 木结构通用规范：GB 55005—2021[S]. 北京：中国建筑工业出版社，2021.

[49] 木结构设计标准：GB 50005—2017[S]. 北京：中国建筑工业出版社，2017.

[50] 装配式木结构建筑技术标准：GB/T 51233—2016[S]. 北京：中国建筑工业出版社，2016.

[51] 木结构工程施工规范：GB/T 50772—2012[S]. 北京：中国建筑工业出版社，2012.

[52] 木结构工程施工质量验收规范：GB 50206—2012[S]. 北京：中国建筑工业出版社，2012.

[53] 建筑装饰装修工程质量验收标准：GB 50210—2018[S]. 北京：中国建筑工业出版社，2018.